重庆

中国温泉之都

谭栖伟 著

重庆出版集团
重庆出版社

图书在版编目(CIP)数据

重庆:中国温泉之都 / 谭栖伟著. —重庆: 重庆出版社, 2011.4

ISBN 978-7-229-00153-7

Ⅰ.①重… Ⅱ.①谭… Ⅲ.①温泉—文化—重庆市 Ⅳ.①P314.1

中国版本图书馆 CIP 数据核字(2011)第 002354 号

重庆:中国温泉之都
CHONGQING:ZHONGGUO WENQUAN ZHI DU

谭栖伟 著

出 版 人:罗小卫
封面题字:王鸿举
本书策划:刘 旗 袁道春 罗兹柏 熊 斌
责任编辑:别必亮 秦 琥
责任校对:李小君
版式设计:重庆出版集团艺术设计有限公司·黄 杨

重庆出版集团
重庆出版社 出版

重庆长江二路205号 邮政编码:400016 http://www.cqph.com
重庆出版集团艺术设计有限公司制版
重庆出版集团印务有限公司印刷
重庆出版集团图书发行有限公司发行
E-MAIL:fxchu@cqph.com 邮购电话:023-68809452
全国新华书店经销

开本:787mm×1 092mm 1/16 印张:14 字数:260 千
2011 年 4 月第 1 版 2011 年 4 月第 1 版第 1 次印刷
ISBN 978-7-229-00153-7

定价:68.00 元

如有印装质量问题,请向本集团图书发行有限公司调换:023-68706683

序

2010年底,"中国温泉之都"的殊荣花落重庆。文以载道,栖伟同志百忙中将这些年来推进温泉旅游发展的心得体会汇编成册,以飨读者。难能可贵,令人感佩。

"温泉水滑洗凝脂,皓首沐浴回常春"。温泉以其滋养生命、润泽健康的神奇功效,被古人视为"天赐圣水"。我国温泉资源富集,尤以重庆最为得天独厚。目前全市已探明温泉点107处,日涌量达10万立方米。温泉水质优良,富含氟、锶等多种有益成分,医疗保健功效显著。良好的温泉资源铸就了重庆温泉悠久的历史。1600年前建成的北温泉,比日本最古老的有马温泉还早200年。1927年卢作孚先生创建的北泉公园,是中国最早的温泉旅游主题公园。

近年来,全球温泉旅游方兴未艾。为充分开发利用优势温泉资源,满足人们不断增长的温泉消费需要,2005年重庆市委、市政府绘就了打造"中国温泉之都"的宏伟蓝图。之后,栖伟同志带领一班人夙兴夜寐,做了大量卓有成效的工作。在国家旅游局、国土资源部等中央部委的大力支持下,经过五年多的不懈努力,终于结出硕果。目前,重庆"五方十泉"基本建成,"一圈百泉"初具规模,"两翼多泉"开始起步。江畔温泉、湖景温泉、岛上温泉、山中温泉,应有尽有,各领风骚。仅主城就有温泉20余座,数量之多、水量之大、水质之好,在世界大城市中独占鳌头。重庆因此名列首批"中国温泉之都"榜首,是国家对重庆温泉旅游发展的充分肯定。

旅游业是新世纪最具发展潜力的产业。市委、市政府高度重视旅游业发展,把旅游作为贯彻落实科学发展观、推动发展方式转变、促进城乡统筹发展的重要抓手,提到战略性支柱产业的高度。未来五年,重庆将努力建成全国重要旅游集散地、西部旅游高地和国际知名旅游目的地。温泉作为重庆倾力打造的旅游新名片,定会在推动全市旅游业跨越发展中发挥更大的作用。

成功有迹可循。这本《重庆:中国温泉之都》,是栖伟同志过去几年温泉之都建设工作经验的汇集,凝结着栖伟同志的智慧和心血。在这座"金矿"中,可寻觅到发展温泉旅游的锦囊妙计,感受到"温泉之都"建设者的执著追求,对我市整个旅游业的发展乃至全国温泉建设都具有重要的借鉴意义。

祝愿重庆"中国温泉之都"大放异彩,名扬四海!

是为序。

黄奇帆

二〇一一年四月

目 录
CONTENTS

第四部分　"温泉之都"建设工作的推进

第五部分　"温泉之都"内外营销的举措

后记/215

第一部分
"WENQUAN ZHI DU"
ZHANLÜE GOUXIANG DE TICHU
"温泉之都"战略构想的提出

第一章
定位破局——重庆旅游新引擎

● "温泉之都"战略的核心理念——重庆旅游业发展的新引擎

● 温泉旅游产业是重庆全面发展休闲度假旅游的启动器、发动机、催化剂

● "温泉之都"既是重庆市温泉旅游产业发展的战略定位，又是战略目标

按语：温泉旅游突出的健体养生、康乐休闲功能，以及重庆发展温泉旅游的突出资源格局优势与复合条件优势，是引领重庆打造"温泉之都"的动力与信心源泉。重庆"温泉之都"的统领者，以其全球视野和事业追求，不仅全面客观、激情到位地阐述了重庆打造"温泉之都"的条件与优势、不足与挑战，更高屋建瓴地指出了重庆"温泉之都"定位的意义，充分传递了重庆打造"温泉之都"的底气与方向、决心与信心。

巴南南温泉瑞泉养生庄园

一、重庆"温泉之都"定位的战略意义

当前，世界旅游业正在由观光主导型向休闲度假主导型转变，这是旅游业发展的一大趋势。温泉旅游以健康养生为特色，已经成为休闲度假旅游的一大热点，被称之为旅游朝阳产业中最具核心竞争力的优势产业。

重庆打造"温泉之都"这一想法由来已久，众多旅游业专家、学者以及相关部门的人员，一直为此不懈努力。而"温泉之都"这一战略定位问题，多年来可谓是众说纷纭，莫衷一是。

2004年底，有关专家针对重庆市旅游业长期以观光旅游为主，而且主要以长江三峡、山水都市和大足石刻三张名片支撑的情况，向重庆市政府提出了打造"温泉之都"的建议，意在依托重庆质优量丰的温泉地热资源，将具有鲜明度假旅游特征的温泉旅游打造成

巴南南温泉瑞泉养生庄园

为重庆旅游的一张新名片。该建议受到重庆市委、市政府有关领导的高度重视。

2005年1月，时任重庆市市长王鸿举同志在《政府工作报告》中正式明确了要将重庆打造成为"温泉之都"的战略定位。这个定位是科学的。重庆市旅游局首席温泉旅游顾问何其伟先生，从国际视野和国内视野两个层面，从资源、市场和产品三个要素旁征博引，分析判断，对这个科学定位作出了最好的诠释。

我们对重庆建设"温泉之都"的总体认识是，温泉旅游产业是带动重庆旅游业由观光型旅游为主向休闲型旅游为主转型的先导性产业，是重构重庆旅游业发展格局的新支点，是重庆市旅游经济发展的新增长点。可以说，温泉旅游产业是重庆全面发展休闲度假旅游的启动器、发动机和催化剂。

巴南南温泉99号温泉酒店

重庆建设"温泉之都"的核心理念是：温泉旅游是重庆旅游业发展的新引擎。

二、重庆"温泉之都"定位的条件依据

全世界有数百个温泉小镇和温泉之乡，而被称为"温泉之都"的只有匈牙利首都布达佩斯。在东方，还没有一个城市选择"温泉之都"的定位。在国内外，"温泉之都"的定位都有其依据，资格申报也有比较严格的要求。

一是必须具备丰富多样、泉质良好、相对集中、足以支撑庞大的温泉旅游产业发展需要的温泉水资源。重庆具备这个首要条件。

二是要有历史悠久和厚重的温泉文化。重庆温泉文化传统历史悠久，但温泉文化并不发达，市民的温泉消费生活方式和温泉消费习惯还没有广泛形成。

三是要有发达的温泉旅游产业体系、产品体系和产品

巴南东温泉威特卡丝大酒店

璧山天赐金剑山温泉

巴南南温泉会所

万州大瀑布群

质量控制体系,拥有比较完整的产业链,形成产业集聚,拥有一批国家级和世界级的温泉品牌。目前,重庆温泉旅游产业拥有一定的基础,但离"温泉之都"的要求还相距甚远。

四是拥有丰富多彩并具足够魅力的相关旅游资源。这一点重庆可以说是得天独厚。长江三峡、天坑地缝、天生三硚、大足石刻、乌江画廊、山水都市等旅游精品对中外旅游者都极具魅力。

五是温泉资源和大都市地位的结合。通常只有相当规模的历史与现代名城大邑才能拥有"都"的称谓。重庆曾经是民国的"陪都",历史上又是巴国等时期的都城,不仅拥有超大的城市规模和突出的历史地位以及多姿多彩的城市文化,而且还正在迈向一个更加辉煌的国家级中心城市和国际化大都市。

综上所述,用"温泉之都"

巴南东温泉东方民俗温泉

巴南东温泉秀泉映月温泉

这一概念来定位重庆温泉旅游产业的发展追求，应该说是恰如其分的。

三、重庆"温泉之都"定位的突出优势

（一）丰富的资源

重庆在温泉地热资源、温泉资源景观类型和温泉历史文化资源等方面具有显著的综合优势，这种资源优势的叠加效应，使重庆具备发展温泉旅游产业的世界级资源条件。

首先，重庆温泉资源储量丰富。重庆的温泉资源在总体储量上虽然与国内外某些城市和区域相比，只算中上水平，但其可利用性较好，且主要集中在主城和近郊，表现为"山山有热水、峡峡有温泉、储丰质优、形多面广、相对集中、永续利用"的特征。目前，重庆市温泉地热可采水量约为 5.6 亿米³/年（约 153.3 万米³/日），最合理的开发量为 42 万米³/日，现开发量仅约占合理开发量的 20.2%。根据对储量、可开采量、合理开采量和市场需求量的初步评估，可以判定，重庆的温泉地热资源足以支撑目前和未来"温泉之都"建设的需要。

其次，重庆温泉类型多样，泉质优良。重庆市范围内目前已知的温泉资源主要分三个类型，即硫酸盐型、重碳酸盐型和氯化物型，且大部分温泉都含有 30 种以上的矿物质和微量元素，普遍达到国家关于医疗矿泉的标准，均具备国内外医学研究已经认定的疗效，为重庆温泉旅游产业的发展奠定了良好的资源基础。

再次，重庆温泉资源分布合理，易于利用。重庆的温泉资源分布，与重庆的城市布局、区域经济分布、人口分布和

旅游资源分布吻合重叠,非常有利于"温泉之都"的建设和温泉旅游产业的发展。在主城核心区和"1小时经济圈"内,有着广泛而丰富的温泉资源分布,几乎每个区县都可以开发出温泉,非常有利于发展重庆的山水都市旅游和近郊旅游。其中,都市圈可开采量估算为2.08亿米³/年(约57万米³/日),已有开采量为1423万米³/年(约3.7万米³/日),仅占可开采量的1/14。

(二)厚重的文化

重庆有着十分悠久的温泉文化,这对温泉旅游文化特色的挖掘,有着难能可贵的价值。

重庆东温泉的乡情裸浴习俗由来已久;而重庆温泉文化积淀最深厚的则当首推北温泉。传说中轩辕皇帝曾在缙云山下的北温泉创造"温汤和药",救治百姓。有案可考的公元423年,佛教高僧慈应大师在北温泉创建了"温泉寺",比日本最古老的有马温泉还早

北碚北温泉柏联 SPA

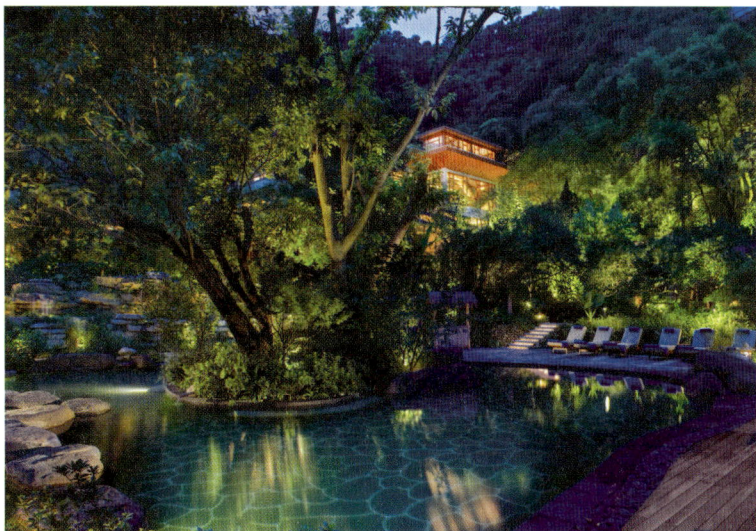

北碚北温泉柏联 SPA

200 年。明朝万历年间，北温泉即由民间自发开发利用。1927 年，著名爱国实业家卢作孚先生创建了北温泉公园。抗战时期,东、西、南、北温泉因吸引了当时中国最重要的政治、经济和文化精英而声名远扬。新中国成立以来,党和国家领导人多次到北温泉观光。美国前总统乔治·布什曾于 1977 年下榻北温泉。

重庆的历史人文传统和重庆人的性格有利于培育和发展重庆独特的温泉文化。

(三)独特的产品

重庆温泉风格各异,特色突出。自 1927 年北温泉公园创立开始,历经几十年发展,东、西、南、北温泉已经打下了温泉设施建设和温泉项目经营管理的基础。近年来,多姿多彩的温泉产品犹如雨后春笋,不断涌现,层出不穷。特别是景观温泉堪称温泉旅游的一朵奇葩,有水景温泉、山景温泉、城景温泉,更有不少是山、水、城兼具的温泉,其中温泉的功能既有单一型又有复合型,堪称奇绝。

(四)广阔的市场

重庆以其闻名中外的"长江三峡"、"大足石刻"、"乌江画廊"、"山水都市"等旅游精品吸引了一批又一批的中外游客。2009年,全市旅游实现了三大突破:旅游接待突破6000万人次;境外游客突破50万人次;旅游收入突破300亿元。

亲水爱水为人之天性,温泉堪称人类亲水活动的最佳载体。重庆温泉资源及其基础市场高度集中。随着人民生活水平不断提高,追求物质文化与康体健身生活享受的需求不断上升,重庆温泉旅游近年来日益火爆。重庆的气候也特别适合泡温泉,全年3/4的天气都适合泡温泉,即便在炎热的夏季也适合。冬季是重庆旅游的淡季,而重庆的冬季最适合泡温泉,冬季的温泉旅游可以弥补重庆其他旅游项目的

九龙坡天赐温泉

淡季市场。

(五)政府的推动

重庆市政府发展温泉旅游产业、打造"温泉之都"的决心坚定、措施得力、鼓舞人心。重庆当前已经具备了一定的温泉旅游产业基础,产业发展势头良好。本地和外来的温泉旅游开发商积极性高、决心大,愿意为"温泉之都"的打造而倾力共赴。

四、重庆"温泉之都"定位的发展愿景

"温泉之都"是一个包容性极强的概念,既是重庆市温泉旅游产业发展的战略定位,又是战略目标。只有当"温泉之都"的战略定位和品牌形象为世人所接受和认同之日,才是重庆温泉旅游产业发展的战略目标实现之时。

客观地讲,打造"温泉之都",我们面临的形势是挑战与机遇并存、希望和困难同在,但机遇大于挑战,希望大于困难。"温泉之都"是我们要抢占的品牌战略制高点,是重庆温泉旅游产业的奋斗目标和发展方向。当前,从总体上看,"五方十泉"基本建成,"一圈百泉"渐成气候,"两翼多泉"开始起步,发展势态看好。

重庆"山水都市"旅游精品以美食、美景、美女、美泉"四美"为主题形象。"四美"中最具亲和力和影响力的应该是"美泉"。当前,重庆"温泉之都"蓄势待发,一个政府有力扶持、企业积极参与、市民热切关注的温泉产业发展环境正在形成。日本友人近藤邦彦先生从一个来自温泉王国,从事温泉规划、建设、管理四十余年的专家角度,对我市打造"温

之都"表达了良好愿景。对此，我们充满信心。

常言道，种瓜得瓜，种豆得豆。我坚信，通过不懈努力，一个有规模、有档次、有特色、有品牌的"温泉之都"必定能够一展风采。在未来 5 年左右，重庆有可能发展成为中国的"温泉之都"；在未来 10 到 15 年，重庆有可能发展成为世界的"温泉之都"。

第二章

战略举措——发展目标"三步走"

- ●近期目标:夯实"温泉之都"基础,重点突破"五方十泉"
- ●中期目标:构建"温泉之都"框架,重点突破"一圈百泉"
- ●远期目标:展示"温泉之都"形象,重点突破"两翼多泉"

按语:重庆温泉资源地域分布非常广阔。"三步走"的建设思路,不仅是一种空间时序的安排,更体现为设计者欲求在幅员8.24万平方公里的全国最大直辖市范围内,展开"温泉之都"蓝图的强烈使命感。"三步走"的构想,既与重庆市"一圈两翼"的区域社会经济发展格局相呼应,又与重庆市旅游业发展的空间布局相融合,从而为实现"温泉之都"的战略价值奠定了基础。"三步走"系统而明晰的战略部署,既引领了"温泉之都"坚实、稳健的建设步履,又渗透了锲而不舍、坚定不移的意志追求。

巴南南温泉公园会所户外浴场

一、重庆"温泉之都"建设的总体战略目标

2006年,针对当时重庆温泉事实上存在"散、乱、小、弱、缺"的发展现状,提出了"温泉之都"的战略目标不宜定得太高,也不宜定得太低,高低皆误,最好是体现与时俱进。

经过反复论证,我们制定的重庆温泉旅游产业发展的总体战略目标是:以温泉资源为基础,以创新精神持续完善温泉旅游产业链、产业集群和产品体系;以产品建设为核心,以政府主导、企业运作、市场导向、大项目带动和品牌战略为主要战略思路,以温泉旅游为切入点,全面带动重庆旅游业由以观光型旅游为主向以休闲度假型旅游为主转型;用5～15年时间,首先将重庆打造为温泉产业链完善、温泉旅游产品体系完备、温泉旅游知名品牌云集、温泉旅游城

九龙坡海兰云天温泉

九龙坡贝迪颐园温泉

市形象突出的"中国温泉之都",进而发展成为世界知名的"温泉之都"。

二、重庆"温泉之都"建设"三步走"战略举措

要实现上述目标,可分为三个时期建设,即近期、中期和远期。

近期目标为 2006～2010 年,夯实"温泉之都"基础,重点突破"五方十泉"。按东、南、西、北、中划分为五方,即东温泉、南温泉、西温泉、北温泉、中温泉。在每方温泉中,规划两个温泉旅游重点项目。以实施"五方十泉"为抓手,切实做到"一年初见成效、两年显见成效、三年大见成效"。经过从2006 年到 2010 年前后 3～5 年的持续努力,基本实现重庆温泉旅游的产业化。

到 2010 年,实现重庆温泉旅游年接待量达到或超过1000 万人次,温泉旅游年收入达到 30 亿元,温泉旅游产业直接就业人数达到 2 万,奠定重庆作为"中国温泉之都"的

巴南保利小泉宾馆鸟瞰图

大足龙水湖

坚实基础。

中期目标为 2010 ~ 2015 年,构建"温泉之都"框架,重点突破"一圈百泉",即在"1 小时经济圈"内,建设包括"五方十泉"在内的 100 个温泉项目。通过对"五方十泉"项目的持续完善和升华,形成一批国家级和世界级的温泉旅游精品和企业品牌;通过发展"一圈百泉",实现产业的持续改进、整合和提升,逐步形成完整的区域产业链和多个次区域产业集群,温泉旅游产业日益发展成熟,温泉旅游产品成为重庆旅游的精品和王牌,温泉旅游产业自成体系并成为旅游休闲产业的龙头,温泉文化深入人心,享受温泉旅游渐成重庆市民的一种生活习惯和生活方式。

到 2015 年,随着温泉旅游接待人次的持续增长,预计重庆的温泉旅游接待量将达到 2000 万人次,温泉旅游总收入达到 60 亿元,温泉旅游产业直接就业人数达到 4 万人左

右, 构建出重庆作为"中国温泉之都"的稳固框架。

　　远期目标为 2015～2020 年, 展示"温泉之都"形象, 重点突破"两翼多泉", 即在渝东南、渝东北两翼建设多个温泉项目。通过"一圈百泉"的全面建成开放, 带动"两翼多泉"差异化发展, 将重庆温泉产业逐步扩张到全市大部分区域, 形成"重庆处处有温泉、温泉处处有精致"的良好口碑和整体形象。

　　到 2020 年, 重庆温泉旅游产业全面开花结果, 带动温泉旅游接待人次不断增长, 温泉消费不断提升, 预计重庆的温泉旅游接待量将达到 3000 万人次, 温泉旅游总收入

巴南东温泉

达到 90 亿元，温泉旅游产业直接就业人数达到 6 万左右，展示出重庆作为"中国温泉之都"的整体形象。

经过近年的实践初步看来，这个规划目标是科学的，具有前瞻性的。在三期目标中，最为关键的是近期目标，也是我们已经走过的时期。五年看三年，三年看头年，头年看起步。头五年的工作重点是全力以赴夯实基础，这个基础包括资源普查、规划制定、项目招商、设施配套、政策支持、行业管理、品牌培育、市场营销、法制约束等方方面面。凡是开好局、起好步的工作都是基础性工作，都要一一夯实，这样才

巴南南温泉瑞泉养生庄园

能实现重庆"温泉之都"的可持续发展。

应该说,分三步走是一个战略性的举措。

三、重庆"温泉之都"建设目标的实施进程

(一)2007年与"五方十泉"的建设

回头看,2007年是我们抓住机遇的重要一年。

首先,胡锦涛总书记对重庆作出了"314"总体部署,国务院批准重庆成为"统筹城乡综合配套改革试验区",同时批准了《2007～2020年重庆市城乡总体规划》。所有这些,都意味着重庆已经站在一个新的历史起点上,说明"建设五方十泉、打造温泉之都"有了一个良好的发展背景。

其次,用世界眼光看,旅游业的黄金机遇期已经凸显,重庆旅游的"大项目、大投入、大营销"的繁荣兴旺时期已经来临。"五方十泉"作为重庆"山水都市"旅游产品的精华,由政府强势推出,说明"建设五方十泉、打造温泉之都"有了一个良好的发展氛围。

最后,高品位策划、高水平规划、高起点建设、高效能运营,打造国际一流"温泉之都"正在或已经形成共识。各项目业主倾力打造温泉产品,政府的各个部门从资源整合、要素配置、政策优惠、环境营造方面,都用心、用力地支持"五方十泉"建设。仅通过一年的精心建设,"五方十泉"已初见成效,打造"温泉之都"已初露端倪,说明"建设五方十泉、打造温泉之都"有了一个良好的发展态势。

(二)2008年与"一圈两翼"的推出

随着市政府"一圈两翼"战略的实施,加上重庆市温泉资源大都集中在"1小时经济圈"范围内,市政府从2008年开始在"五方十泉"基础上推出的"一圈百泉"如期开工建设。如果说"五方十泉"是点,那么"一圈百泉"就是线,在"五方十泉"基础上推出"一圈百泉"就是以点串线。这既是一种发展规律,也是一种工作方法。

市政府推出"一圈百泉",一方面是基于重庆温泉有着丰富的资源、厚重的文化、独特的产品、广阔的市场;另一方面是基于"五方十泉"在战略研究、资源普查、规划制定、项目带动、政策支撑、法规完善、项目推介、产业集群等八个方面对"一圈百泉"都有着重要的示范作用。

建设"一圈百泉"的根本目的何在? 一是有利于壮大产业规模,丰富产业内容,显著提升"五方十泉"的带动力和影响力。二是有利于整合资源,提升温泉品质,精心打造"温泉之都"的温泉品牌。三是有利于构建旅游平台,形成产业集群,不断丰富"山水都市"旅游的内涵。四是有利于促进资源保护,确保可持续利用温泉资源,真心呼唤温泉旅游科学发展。五是有利于扩大招商引资,拓宽就业渠道,全面推进统筹城乡综合配套改革。

(三)2009年与"两翼多泉"的启动

2009年本应是"五方十泉"大见成效的一年,但由于温泉产业是一个纷繁复杂的系统工程,而我们的建设速度又比预期慢了一拍,因此从前期的计划来看,达到目标有一定差距。2009年7月份召开了"建设五方十泉、打造温泉之都"第三次流动现场会,会上坚持科学发展观,以实现重庆温泉产业的可持续发展为统领,我们重新认识到"五方十泉"是点,"一圈百泉"是线,"两翼多泉"是面,只有点、线、面的结合,"温泉之都"才有可能实现。其中对于项目布局,我的思考是:

一是编制"两翼多泉"的发展规划,由重庆市旅游局负责,委托有关规划单位完成。"两翼多泉"是以地热资源为基础,以地热资源勘查、规划、出让、开发为动力,以组团式发展、放射性扩张为方式,以温泉城、温泉镇、温泉主题公园、温泉度假村、温泉酒店为主体,以相似公园的性质、相同文化的内涵、相关历史的背景有机整合景区资源为平台,营造出百花齐放、百家争鸣的温泉产品体系和市场格局。

二是开展"两翼多泉"的资源勘查,由重庆市国土房管局负责。继续坚持"管、放"结合的方式,涉及到主城区的温泉资源统一由市国土房管局进行资源勘查。经勘查确有温泉并布局合理的,会同温泉资源所在地政府,以招、拍、挂方式出让采矿权。远郊区县在重庆市国土房管局的指导下进行勘查,然后通过招、拍、挂方式出让采矿权,对实行风险勘查开发的由区县政府报市国土房管局批准后实施。已有温泉项目的体制管理和产权管理则按现行的原则实行,完善有关手续。

三是推出温泉项目招商,由相关区县政府负责。2010年的节庆活动要重推温泉项目,争取能够成功引进一批优秀企业来打造优秀的项目。

虽然建设"五方十泉"仍是担心多于放心,"一圈百泉"更是放心不下,"两翼多泉"也未准备充分,我们不能把已有的成绩估计过高,更不要把个别亮点看得过重,但是,建设目标是一个总纲,为实现这个目标我们必须坚定不移。

● "四划":谋划立意,策划找魂,规划定位,计划落实

● "六度":开发模式要有广度;实现目标要有高度;优惠政策要有力度;营销市场要有深度;舆论氛围要有温度;推介项目要有强度

● "找魂":文化是构建"温泉之都"的灵魂;产品是枝,项目是干,文化才是根

按语:《礼记·中庸》曰:"凡事豫则立,不豫则废。"在"温泉之都"的战略构想确立之先,就已经从资源基础、市场需求和产业发展态势等多方面进行了长期探讨和充分论证。之后,又在"谋划立意"、"策划找魂"、"规划定位"和"计划落实"四个环节上稳步推进,其核心在战略定位与立意、温泉文化与灵魂、开发效益与可持续发展等方面,充分体现了"谋定而后动"的指导思想,也表达了统领者殚精竭虑的历史责任感。

一、问题的提出

在对"五方十泉"建设过程的考察中,我发现了一些问题,不仅对"五方十泉"的建设有诸多影响,也制约着"一圈百泉"的建设。

首先是缺乏市场意识。"五方十泉"规划建设的现状,显得雷同划一,市场定位趋同,档次定位相近,功能定位大同小异,是典型的"匠人"之作,而缺乏"大师"之作。"匠人"之作是什么?是重复,是缺乏创新;而"大师"之作则是创新。盲目照抄照搬的结果,导致同质套版的现象严重。这种不尊重市场规律、不尊重自身个性的结果,必然导致同行业恶性竞争。而竞争的结果将会使得温泉企业疲惫不堪,温泉消费者无所适从。从大的方面看,可能砸掉我们"温泉之都"的牌子;从小的方面看,可能砸掉温泉企业的饭碗。

其次是缺乏理性规划。"五方十泉"都存在一个相同却极其严重的误区,就是贪大求远。既没有理性的规划思路来指

南岸海棠晓月温泉观景溶洞区

导,也没有实际的可操作性来规范,结果就造成了投资与回报的严重失衡。有的温泉项目通过测算,可能需要20年左右才能收回投资。

然后是缺乏精准策划。"五方十泉"建设大都与旅游酒店、商务酒店,甚至住宅小区、商业摩尔、企业会所混为一谈,没有把"温泉旅游"这一核心理念融入其中。

最后是缺乏文化内涵。"五方十泉"严格说都没有突出各自的文化品位。每个温泉项目都应该有自己的"魂"。这个"魂"就是文化。柏联集团打造的温泉项目就有自己独特的文化——将温泉、普洱茶和瑜伽结合起来。正因为找到了自己的"魂",其温泉产品才有了很好的市场。因此,"五方十泉"的其他项目业主也应找准自己产品的"魂",避免产品同质化和低水平重复建设,避免"五方十泉"相互之间无序竞争和恶性竞争。温泉项目的开发要做到多姿多彩、各具特

参加北碚北温泉柏联 SPA 开业注泉水庆迎宾仪式

北碚北温泉柏联 SPA

色,达到各展所长、错位发展、相互促进的目的。

由此决定了温泉项目的开发建设,必须"四划"先行,尤其要强调谋划立意、策划找魂、规划定位和计划落实。

二、"四划"的贯彻

(一)立足整体谋划

2010 年是重庆市的"温泉旅游主题年",在打造"温泉之都"的建设上,当前和今后 15 年的这一时期,战略举措仍然是基本建成"五方十泉",加快推进"一圈百泉",着手启动"两翼多泉"。但实际上还要尽量追求缩短建设期,这就必须创新思路和方法。

总体思路应是:瞄准市场,超前谋划,整体推动,分步实施,典型引路,全面突破。

方法原则应是:把握好"六个度",即开发模式要有广

永川香海温泉

渝北统景小三峡

度;实现目标要有高度;优惠政策要有力度;营销市场要有深度;舆论氛围要有温度;推介项目要有强度。

这六个度是我在市政府第三次温泉旅游流动现场会上提出的。温故而知新,至今依然适用。

(二)强调项目策划

在"温泉之都"的打造上,要特别重视项目的策划。企业投资的目的有两点,一是赚钱,二是持续地发展赚更多的钱。那么,政府就要对投资者负责,投资者就要对项目负责。温泉项目要做到先策划、后规划、再建设,每一步都必须扎实到位。一定要防止一些企业业主仅凭热情、凭感觉、凭估计盲目投资建设。在投资建设之前,必须进行实事求是的科学预测。

做好策划不容忽视的一点还在于增强文化的内涵。温泉有文化就有了灵魂,有了灵魂就有了主题、个性、特色、亮

北碚北温泉柏联 SPA

点。项目文化的直接作用在于增强企业的生命力和可持续发展的原动力。

首先要明白什么是温泉文化？有一种解释比较确切，就是研究温泉从形成到地下活动方式，及其温度、流量、水量、成分，到开发、价值、功效、资源保护、环境保护、综合利用的科学技术知识，再到包括温泉养生方式、配料程序、时间及注意事项等所涵盖的温泉养生文化、休闲文化、度假文化和温泉经济在内的学问。

"产品是枝，项目是干，文化才是根。"文化是温泉产业竞争力和温泉产品竞争力的关键，是温泉旅游产品的核心魅力所在，是构建"温泉之都"的灵魂。重庆要打造中国的"温泉之都"，必须做足重庆温泉旅游文化的特色；重庆要打造世界的"温泉之都"，必须做出重庆特色和中国特色。

所谓温泉旅游产品的差异化定位、特色化经营，关键在于对温泉旅游特色文化的发掘和展示。

策划的重要性显而易见。我国申办世博会、奥运会都有一整套策划方案。如果缺乏高水平的专业策划，重庆"温泉之都"的建设就没有希望。如果说不能策划出在国际国内有影响力的温泉旅游节庆与会展活动，我认为也难有希望。

（三）主推相关规划

首先要主推资源勘查与总规编制工作，为温泉产业科学发展铺路。这项工作主要由"重庆市温泉产业规划工作组"负责执行，包括完善资源勘查，建立重庆温泉资源数据库；强化市场调研，提供发展依据，编制《重庆市温泉旅游产业发展规划》。同时将《重庆市温泉旅游产业发展规划》政策化，制定相关政策,引导交通、水电气等基础设施建设,加强温泉旅游人力资源的培养和引进等。

巴南区是我市打造"温泉之都"的重要区域。2008年上半年,我参加了巴南区旅游规划的审定。总体说来,用本土的规划设计单位来研究一个区域的旅游规划,能够做到这样的水平值得肯定。但是,这个规划的不足之处在于大而

巴南阳光温泉度假村

巴南南温泉瑞泉养生庄园

东温泉鲜花温泉小镇

全、重点不突出。在此基础上,我提出了巴南区旅游开发应重在"泉、岛、路"。

　　"泉"就是温泉,主要是南温泉、东温泉、桥口坝温泉。"岛"就是桃花岛,要建成一个欢乐岛。"路"就是滨江路,滨江路应彰显巴文化,将巴文化特色在巴南滨江路全面、深刻地展示凸显。可考虑建一个类似巴国城的牌坊,通过一些雕塑和一些建筑等来渲染营造。巴南旅游一定要体现休闲,突出休闲文化,而这三个重点都体现了休闲。按照巴南区现行的"一对一"的目标管理,下决心抓 2～3 年时间,肯定会出成效。

　　关于巴南区东温泉鲜花温泉景区规划,我提出要思考产品打造,至少应该考虑到三大产品:

巴南东温泉秀泉映月酒店

一是线路产品，重点推出不同风格、不同时段、不同品种的旅游精品线路，包括景区内或者连接景区与景区之间的线路。

二是景区产品，重点推出在整个景区范围内，类型各有不同、为广大游客喜闻乐见的景区产品。不论是温泉、竹排，还是洞穴，应在景区范围内多呈现一些景区产品。

三是接待产品，重点推出围绕大旅游的吃、住、行、游、娱、购等要素的旅游接待产品。要思考游客住哪里、吃什么、购什么，等等问题，围绕这些方面来形成接待产品。

针对接待，特别是"住"的方面，可在景区内或景区附近建一两家星级酒店，等级可高一点。这也是在招商时应该考虑的问题。

2008 年 10 月份，我到东温泉鲜花旅游小镇调研时，那里的最大制约瓶颈就是交通。由此我提出，在规划时总的应根据东温泉旅游产业发展的需要，按照"打通干道、提高等级、缩短里程、畅通出口、形成环线"的思路来解决东温泉的交通问题。只有打破这一瓶颈，东温泉旅游的发展才可能推进，不然将其打造为 5A 级景区就是一句空话。

对于南温泉的规划，我提出原则上按照巴南区对南温泉实行控规调整的计划，但要注意建设用地与绿地面积的平衡比重，否则就失去了调规的意义。调规后，应该实现绿地更加集中成片，建设用地相对集中，并且尽可能隐蔽，以解决南温泉规划建设的遗留问题。

（四）明确实施计划

打造"中国温泉之都"的分阶段目标，我们总的定为 15

年,每 5 年为一个阶段,每一个阶段都明确了阶段性的目标和任务。

制定目标时,有同志认为目标太过长远。但回顾重庆温泉旅游发展的历程,从 2006 年到 2010 年整整 5 年,一路艰辛,到现在才有了一个"温泉之都"的雏形。如果没有第一阶段那样抓工作的力度,就有可能中途停顿,下一阶段工作难度可能会更大。因此,15 年并不算长远,还必须在充分明确实施计划的前提下狠抓落实才能达到目标。

1. 前三年目标实施计划

在近期目标的五年中,我提出前三年要 "一年初见成效、两年显见成效、三年大见成效"。

重中之重是基本建成"五方十泉":一是"五方十泉"整体投入营运;二是温泉旅游渐成气候;三是基本完成"温

渝北统景河畔温泉

之都"品牌申报的基础性工作；四是精心培育 1~2 个世界一流的领袖级温泉旅游品牌项目。

2. 当前的目标实施计划

当前和今后的一个时期内，我们的三大目标是：

（1）投入目标。三年投入 300 亿元，每年投入 100 亿元。2010 年内，包括"五方十泉"在内投入 100 亿元，已经超额完成。重点是后两年的各 100 亿元。

（2）产出目标。三年内，具有一定规模效应的温泉项目要达到 100 个，温泉旅游人次突破 1500 万，总收入突破 50 亿元。

（3）品牌目标。"温泉之都"申报成功后，接下来就是要在三年内，建成国家级标准的特色温泉旅游小镇 5 个，五星级温泉旅游酒店 5 个，4A 级及以上温泉旅游景区 5 个。

只要我们思路调整对了，"六个度"把握到位了，打造"温泉之都"的宏伟计划就一定能够实现，并且名副其实。

石柱冷水温泉效果图

第二部分
"WENQUAN ZHI DU"
LÜYOU ZIYUAN DE KAIFA
"温泉之都"旅游资源的开发

第四章
开发模式——产业集群显优势

●建立和完善温泉旅游产业链与产业集群，为温泉旅游产业"聚力"

●在温泉资源相对集中的地区发展各具特色的温泉旅游区域产业集群

●温泉小镇是发展温泉旅游，孕育、创造、传承和传播温泉旅游文化，聚集温泉旅游产品，吸引人气的最佳载体

按语：经济地理学的传统理论认为，资源和产业及其相关产业活动在一定空间范围内的集中，将会产生"1+1＞2"的经济效果，以及吸引相关经济活动向一定地区聚集的向心力。重庆温泉旅游的统领者从温泉资源开发模式的角度，强调要建立和完善温泉旅游产业链和产业集群，特别是要注重发展区域产业集群，倡导发展"温泉小镇"和"温泉景区"，总结开发模式，提出创新思路形成重庆温泉旅游发展从"温泉之都"打造（宏观层面）到温泉产业培育（中观层面），再到温泉项目建设（微观层面）的完整系统。

璧山天赐金剑山温泉

　　"温泉之都"的打造,需要建立和完善温泉旅游产业链与产业集群,为温泉旅游产业"聚力"。在此基础上,创新开发模式,形成重庆温泉旅游的特色竞争力与核心竞争力。

一、温泉产业集群的构建

　　产业链是个行业组合概念,是在旅行社业、饭店业、餐饮及娱乐业、温泉消费业、旅游交通业、旅游商品销售业等行业之间形成的直接面对顾客的纵向和横向交织的链条关系。重庆温泉旅游产业的发展与区域竞争优势的形成,要建立在完善与丰富产业链的基础上。

　　产业集群是产业在地域上的集中组合概念。重庆的温泉旅游产业要建立强大的产业集群,才能形成合力和区域竞争优势。重庆温泉旅游资源的天然分布与重庆的区域经济布局以及旅游经济布局在地理空间上吻合,非常有利于形成产业集聚和规模效应。形成有相当规模的产业集群,是构建重庆温泉旅游产业整体竞争力的重要策略。

发展温泉旅游必须抓好产业集群的建立和完善。有关区县要在温泉资源相对集中的地区建立管理委员会,实施对温泉资源的统一规划、招商和基础设施建设;要注重发展区域产业集群,促进各种类型的特色温泉项目建设,通过发展温泉城、温泉镇、温泉度假村、温泉酒店、温泉旅馆、温泉乐园、温泉SPA等,形成温泉旅游产业集群;特别是要通过打造特色温泉小镇和重点温泉景

铜梁龙温泉效果图

铜梁龙温泉效果图

巴南东温泉东方民俗温泉

区,形成温泉旅游产业的集聚。

(一)关于温泉小镇

近现代世界温泉旅游产业发展的历史表明:温泉小镇(SPA Town)是发展温泉旅游,孕育、创造、传承和传播温泉旅游文化,聚集温泉旅游产品,吸引人气的最佳载体。欧洲的温泉旅游产业起源于比利时的温泉小镇SPA,由此SPA逐步演变成为温泉和水疗的代名词,甚至演变成为现代人追求身、心、灵平衡发展,健康养生的一种时尚生活方式。欧洲的数百个温泉旅游小镇,至今大部分依然欣欣向荣,有的一直是国际知名的旅游度假胜地。

虽然中国有好几个地方的地名就叫做"温泉镇",例如重庆开县的温泉镇,但正是由于没有形成温泉旅游产业,更谈不上相关产业的集聚,因而它们到现在还算不上真正意义上的温泉旅游小镇。中国至今还没有形成和打造出一个真正意义上的温泉旅游小镇。

巴南东温泉秀泉映月酒店

　　重庆的南温泉和东温泉是最有条件打造温泉旅游小镇的两个地方。南温泉在抗战陪都时期就曾短暂繁荣，并具备一个温泉旅游小镇的基本元素。但由于后来历史的变迁，中断了她这方面的演进历程。东温泉的自然环境与温泉、文化等相关旅游资源，以及空间尺度、区位交通等要素，尤其是独具特色的裸浴民俗、热洞及五布河风光、抗战文化遗迹等自然、人文资源的天然整合，使它最适合被打造成为特色温泉小镇。可惜由于规划和管理等方面的原因，其潜力还远未被发掘出来。

　　此外，邻近北温泉的金刚碑—金刚古镇，也具有打造温泉小镇的天生丽质，而且基本上算是一个处女地。

　　温泉小镇的打造必须高度重视温泉文化和地域特色文化内涵的挖掘或移植。因为一个缺乏文化内涵的温泉小镇很难具有持久的魅力和市场吸引力。

(二)关于温泉景区

温泉景区是指温泉项目和风景、人文资源紧密结合,形成温泉和旅游互动的大规模温泉旅游地域单元。

温泉景区与温泉小镇一样,是温泉旅游产业的另一种空间集聚方式。实际上就是以温泉为特色的旅游目的地,例如统景温泉景区、融汇国际温泉城等大型温泉旅游景区。温

沙坪坝融汇温泉夜景

渝北统景温泉

泉景区在项目策划、产品规划、综合配套等方面,都与一般的景区开发模式有所区别。

二、温泉开发思路的创新

如何发展区域产业集群,如何打造温泉小镇与温泉景区?这就需要开发模式的创新。我在2009年第三次"建设五方十泉、打造温泉之都"流动现场会上提出要把握"六个度",其一就是开发模式要有"广度"。

模式说到底是特色,特色是核心竞争力的关键所在。世界范围内的温泉投资热潮必将促进重庆"温泉之都"加快建设,随之而来是激烈的市场竞争。我们应该看到,现阶段市场竞争的关键是开发模式的创新,这种模式创新的实质就是差异化竞争。

南岸融侨半岛温泉

（一）六种开发模式

"五方十泉"和"一圈百泉"温泉重点项目,模式倾向究竟在哪里? 目前大概有六种开发模式:一是"温泉＋景区旅游"模式;二是"温泉＋运动游乐"模式;三是"温泉＋康复疗养休闲"模式;四是"温泉＋生态庄园"模式;五是"温泉＋旅游地产"模式;六是"温泉＋会展"模式。其中,"温泉＋旅游地产"模式最具吸引力。

各区县政府应帮助业主找准适合自身特色的发展模式。如颐尚温泉要发展"温泉＋会展"模式,东温泉是平民化、大众化、有一定品位的模式。

（二）五种创新思路

创新开发模式有五种思路:一是通过把握温泉发展大势,走"温泉＋X"的大温泉开发之路,重在产业嫁接;二是通过创新温泉泡浴模式,把温泉泡浴板块的特色做足,重在品位提升;三是通过带动温泉休闲产业发展,促进温泉综合开发价值最大化,重在综合开发;四是通过引入旅游景区理念,提高温泉经营的整体水平,重在景区打造;五是通过彰显温泉经营特色,指导高水准规划、高起点建设、高效率管理,重在项目策划。

第五章
资源整合——持续发展奠基础

● 不整合资源，难以打造出品牌
● 资源整合的难点在于理顺关系
● 整合的基本标准：既要合法合规，又要合情合理
● 整合的基本原则："五坚持一合作"

按语：如何有效合理地管理和利用温泉资源，是重庆打造中国"温泉之都"必须解决的问题。对此，重庆温泉旅游的统领者强调以加强资源勘察和摸清家底为基础，从整合资源和保护性开发入手，为合理利用和有序开发温泉资源铺平了道路，为重庆温泉旅游的可持续发展奠定了基础。在资源整合的具体思路上，创造性地提出了"五坚持一合作"原则，即坚持适用法律不变、坚持管理体制不变、坚持产权关系不变、坚持人员性质不变、坚持经费渠道不变、实行多种形式的合作，为通过行政手段整合各种资源、调整利益关系提供了经验。

2007年,我在"建设五方十泉、打造温泉之都"第一次流动现场会上,重点提出了关于整合资源问题的意见。

整合资源是"建设五方十泉、打造温泉之都"的基础性工作,必须夯实。在"五方十泉"中,有不少温泉在规划建设的区域范围内,涉及到国家文物、宗教寺庙、森林公园、风景园林、地热资源、大型交通、水利、通讯基础设施等敏感问题。如果不将这些资源进行有机整合,就难以打造出品牌。

一、资源整合与理顺关系
(一)资源整合的难点是理顺关系

在这个问题上,各区县、各部门的多数同志认识是一致的:两利相权取其重,发展才是硬道理,必须整合并进行大胆探索,这就是2007年7月以前所提出的"四坚持一合作",以及后来延伸的"五坚持一合作",即坚持适用法律不变

南岸海棠晓月温泉游泳池

巴南上邦温泉度假酒店

（后来补充）、坚持管理体制不变、坚持产权关系不变、坚持人员性质不变、坚持经费渠道不变、实行多种形式的合作。

　　不论是"四坚持一合作"还是"五坚持一合作"，在实践过程中都还是说易做难。重庆市是统筹城乡发展的试验区，大家应该进一步增强解放思想、实事求是、与时俱进的意识，在依法办事和加快发展上寻求"结合点"。在寻求"结合点"的过程中，"不争论、允许试、大胆干，干起来再说"。

　　其中尤以"一合作"不好把握。但我相信，只要坚持以人为本，切实解决好"人往哪里去"的问题，通过创新思路和方法，"一合作"的问题就能够解决好。同时，有关区县要对整合资源的问题进行一次认认真真的"回头看"，主动和市级相关部门做好对接沟通工作，妥善处置一些遗留问题，不留后患。

　　实施好"五坚持一合作"整合资源，一个基本标准就是：既要合法合规，又要合情合理。找准了这个结合点，是可以做好的。

大渡口小南海温泉

(二)南温泉景区的资源整合案例

1.业主过多的问题

在巴南区南温泉旅游开发调研汇报会上,就景区建设中的资源整合问题,我提出开发业主不能太多。业主过多,就难以在有限而又十分敏感的区域范围内达到总体平衡。

南温泉所有业主在运作时,一个企业挖一个坑建一个房子,没有面积来平衡各种规划指标,这是历史造成的。如果在整个城市范围内,对片区进行整体开发,业主就容易平衡各种规划指标,如容积率、绿化率、市政设施配套,等等。

南温泉业主太多,要平衡财务,就必须平衡建设用地。这在一个敏感的区域就会遭遇几多坎坷。所以,必须整合资源。我建议巴南区和南温泉管委会在这个区域内,尽量把资源相对集中到2~3家企业,减小平衡的难度。

2.整合方向与措施

整合的方向是把南温泉整体开发起来。巴南区和南泉管委会应该把整个森林公园进行整合，在原有的基础上更加完善。可以管委会为主，通过市场行为，对整个大景区实施统一规划建设和管理。

对于景点，巴南区可以让进入景区的与其合作的公司对某一个景点实行整体开发。例如南温泉有家公司和绿谷公司合作，这个景区还是以政府为主，但是对建文峰下面商业街的开发，应该通过招商确定由哪家业主开发，这样可以规避很多风险，对上对外，对整个事业都有好处。我们是政府，政府有永远的主导权。

99号酒店一直是南温泉的一块心病，我在99号酒店的一个报告上签了很长的意见。作为政府，作为企业，都有很多的教训应该吸取。但当时木已成舟，毕竟已投了几千万，是个现实。如果说99号酒店不通过整合来解决，这个遗留问题就很难解决。只有整合才能总体平衡。

巴南南温泉99号度假酒店

巴南新东方温泉酒店

南温泉原来的公园这部分整合还应更完善。南泉管委会和绿谷公司已经签了公园整合协议，与保利也有一个整合协议。采取哪一种模式，委托经营，把范围做大，应认真考虑。

在巴南区温泉资源整合的问题上，我提出应坚持"五不变"原则，同时，实行多种形式合作，借鉴南温泉、北温泉的资源整合发展模式以及长江三峡旅游资源的整合模式，在此基础上进行大胆探索。

二、资源整合与合理开发

（一）资源保护与利用治理

2008年，在"建设五方十泉、打造温泉之都"第二次流动现场会上，我提出了关于"五方十泉"项目中值得肯定的五点，其中一点是改革有所突破。"五方十泉"大都完成了规划范围内资源的有效整合。同时，我也提出值得注意的八

大渡口南海温泉

点,其中之一就是缺乏资源保护。

"五方十泉"不少项目受急功近利思想的影响,随意打井、开采、抽水,不当使用温泉资源的不乏其例,完全没有危机意识。比如,有的温泉已经开始出现水温降低、水量减少、水质变差、环境恶化、资源枯竭等问题;再如,汶川地震对"五方十泉"多数泉都有影响,好几个泉都出现多个小时的浑水,然后才变成清水;有的温泉枯竭了,有的温泉反而丰满了。

地质变化不以人的意志为转移,业主很少全面考虑温泉地热资源的综合开发利用和污水的综合治理,至少考虑不全面,系统性差。关于"五方十泉"、"一圈百泉"项目的资源问题,必须按照市政府关于温泉资源管理的有关规定,坚持合理开发与科学保护相结合,有序开发利用好资源。

(二)合理开发与"管放结合"

温泉是国家的地下宝藏,有再生性和有限性。温泉和其

巴南阳光温泉度假村

他地下宝藏有所不同，地下水在某种程度上可能取之不尽，用之不竭。因此，国家鼓励开采温泉这种既再生又有限的地下宝藏。作为政府主管部门，国土房管局应该有计划地保护和开发利用温泉资源，一方面要限制和制止乱开乱采；另一方面要合理开采，有效利用。

因此，在温泉资源配置方面，市国土房管局要采取"管放结合"的方式，使温泉资源管理科学化、保护合理化、开发适度化。

这是一个有序开发资源和保持资源优势的过程。

(三)资源管理与政策措施

为了有效实现资源整合与合理开发利用，全力支持"五方十泉"建设，我们针对资源管理提出了有关政策措施：

●"五方十泉"项目业主在出让地块范围内申请钻探新井，凡钻探新井符合布点要求和地热规划，有资源保障且不影响现有温泉地热资源的，由市国土房管局审查后出让探矿权，项目业主自行投资。

●"五方十泉"项目业主申请国家出资勘察的地热资源采矿权的,市国土房管局按规定采取招拍挂方式出让,不评估价款,用类比方法选取优惠价款标准收取探矿采矿权出让价款。

●凡已取得探矿权且探矿权在有效期内的探矿权人申请办理采矿权的,由市国土房管局直接受理采矿登记审批。

●凡已取得探矿权但探矿权已过期和已取得采矿权但采矿许可证过期的"五方十泉"项目业主申请办理采矿登记,属项目业主自身原因的由市国土房管局采取公示方式出让采矿权。

●采矿权出让时,对开采量要明确最高限量和最低限量,同时,市国土房管局要加强对探矿权人打井过程的指导和监督,防止出现"新泉出现、旧泉无水"的现象发生。

●对资源开采达到核定取水量,并充分合理利用此取水量的,在自用基础上想满足公用的采矿权申请人,以优惠扶持的方式出让采矿权,并根据各项目的具体情况,采取

巴南东温泉航空温泉酒店

大足龙水湖温泉

"一泉一策"，按优惠价款标准的1/3收取采矿权出让价款。

●"五方十泉"项目业主申请采矿权，办理采矿许可证时，凡区县国土部门出具了不需作地质灾害危险性评估报告意见的，采矿权申请人可不进行项目地质灾害危险评估，由市国土房管局指定专人指导申请人完善申报材料，并抓紧办理。

●"五方十泉"项目特别是温泉项目用地要优先保障。"五方十泉"项目新增建设用地纳入正在编制的区县土地利用总体规划中统筹考虑，其年度用地计划按市级重点项目对待。对涉及旧城改建的，依法按危险旧房用的政策办理。

●"五方十泉"项目用地与房地产开发用地均系经营性用地，根据《招标拍卖挂牌出让国有土地使用权》的有关规定，可按招拍挂方式分别出让。在规划时，地产开发项目用地应与温泉项目的进度、面积、范围、规模以及损益情况相匹配。

三、资源整合与政府作为

资源整合还要抓好规划区范围内涉及园林、森林、文物、寺庙、地热等基础设施资源的整合,这里面出现的问题较多。同时,要抓好满足工程正常施工的相关条件,关键是规划调整和整体拆迁。

有个别项目的规划调整出了问题,随后就对规划调整有所放缓。但政府不能因噎废食。有些项目该调整的必须调整,而且应该是越调整越好。

整体拆迁也是项目推进不了的原因之一。整体拆迁必须是政府行为,没有任何企业能够单独推进。

第三部分

"WENQUAN ZHI DU"
LÜYOU XIANGMU DE DAZAO

"温泉之都"旅游项目的打造

第六章
建设标准——品质追求图"五化"

● "品质"追求：不崇尚豪华和奢侈，而注重品位和特色

● "品位"定义：以文化为灵魂，以绿色为生命，以差异为特色

● "五化"原则：开发生态化、设施精致化、管理智能化、服务人性化、质量标准化

● 温泉旅游产品属性的核心——健康美丽

按语：温泉项目的开发和管理，既要以保护生态环境为前提，实现与自然环境体系的和谐共生；也要以满足消费者需求和构建核心竞争力为导向，实现经济效益的持续产出，从而最终实现生态和社会经济的综合效益。对此，重庆温泉旅游的统领者提出了通过"五化"，即开发生态化、设施精致化、管理智能化、服务人性化和质量标准化，来实现项目建设的品质目标；并延伸至"温泉之都"打造在内涵上"五化"、在外延上"七化"的追求，从而为温泉项目的开发与管理构建了一个兼具指导性和操作性的标准。

南泉飞瀑

巴南东温泉东方民俗温泉

一、"五化"追求的提出

(一)"五化"追求的背景

重庆市旅游局温泉旅游顾问何其伟先生讲了一句话："重庆具备世界级的温泉资源,拥有潜力无限的温泉旅游消费市场。但美中不足的是,重庆还没有国家级乃至世界级的温泉旅游产品。"

我理解,真正意义上的"温泉之都"应该实现"三有":一是有规模。既有"五方十泉"的示范,也有"一圈百泉"的呼应,更有"两翼多泉"的联动。二是有档次。文化品位要深厚,生态化、精致化、智能化、人性化、标准化特色要凸显。三是有震撼力。打造出国际一流水准的,有忠诚度、美誉度的温泉旅游品牌。一般而言,没有速度,就难以上规模;没有规模,就难以上档次;没有档次,就难以形成震撼力。

(二)品质追求的内涵

温泉项目的品质是步入"温泉之都"的通行证。从建设"五方十泉"开始,我们就非常强调它的品质,提出了不崇尚豪华和奢侈,而注重品位和特色的生态化、精致化、智能化、人性化、标准化的国际水准。2007年,我在"建设五方十泉、打造温泉之都"第一次流动现场会上提出,虽然"五方十泉"大都实行了高品质定位,但从当时规划建设的情况来看,要达到生态化、精致化、智能化、人性化、标准化的国际水准,还需要努力。

现在不少人对品质的理解往往是以偏概全,只注意了规模和档次,很少注意特色。正因为没有解决认识问题,在

北碚北温泉柏联 SPA

"五方十泉"的建设初期，很多项目方案给人的感觉大多是非常平淡，堆砌突出，抄袭严重，如出一辙。当然，也有让人眼前一亮的方案，如北温泉柏联 SPA、融汇温泉和南温泉的项目，就比较有震撼力。

沙坪坝融汇温泉三合风吕

沙坪坝融汇温泉

巴南东温泉

(三)"五化"标准的提出

那么品质的定位是什么呢?就是品位和特色。品位和特色就是我们一直推崇的"以文化为灵魂,以绿色为生命,以差异为特色"。这三句话是在打造"温泉之都"的时候提出的"五化"标准追求,即用生态化、精致化、智能化、人性化、标

巴南东温泉光中温泉山庄

九龙坡海兰云天海兰湖

南岸中央半岛温泉

准化来体现文化的灵魂、绿色的生命、差异的特色。

品质是步入市场的通行证。开发的生态化、设施的精致化、管理的智能化、服务的人性化、质量的标准化，这"五化"是在建设温泉旅游项目时必须坚持的标准。不管是现在的"五方十泉"、"一圈百泉"，还是逐渐起步的"两翼多泉"，都必须以这"五化"作为标杆严格打造。

二、实现"五化"的关键

（一）燃起业主激情

要实现"五化"，关键之一是要燃起业主的激情。前期有的温泉项目业主，尤其是在房地产开发方面做得好的业主，积极性有所不足，我们应及时改变这种现象。

大足龙水湖温泉

应该使业主认识到，重庆打造"温泉之都"，对温泉企业有益，品质与规模效应有了，对外影响大了，温泉产品才能够真正做靓，企业才能够真正做大，产业才能够真正做强。要提倡和鼓励各项目业主在这方面相互多交流、多学习。

倡导业主一定要舍得花成本，请见多识广的专业人才来做策划规划，搞设计建设和管理，这样才能使温泉项目早日盈利，走上正轨，距离我们"温泉之都"的目标更进一步。

(二)把握产品定位

实现"五化"关键之二在于把握产品定位。产品定位的准则就是市场需要的优质产品。温泉旅游产品属性的核心是健康美丽，也是市场营销的主要卖点。针对温泉旅游的这一属性，必须做好温泉产业的十大功能配套，即养生、客房、餐饮、会务、娱乐、康体、体检、购物、观光、服务。在这十大功能当中，重点是养生。

在温泉项目的规划建设上，要突出以露天温泉为主，让游客在大自然当中享受纯天然的空气、阳光、温泉水，这样才能达到"天水合一、天人合一、人水合一、亲近自然"的目的。现在有的温泉项目是建在相对封闭的室内，空气不流通，加上温泉的温度高，热气大，矿物质味道浓，很容易造成缺氧，使人感觉到不舒服，也不利于人体的健康，这与泡温泉的初衷完全相悖。

在打造"五方十泉"或者"一圈百泉"其他产品上，一定要考虑到真自然和原生态。当然室内要有温泉，但重点还是

涪陵沙溪温泉夜景

要崇尚自然，与大自然共处，不能把温泉建设成为洗浴中心。注重环境保护是崇尚原生态的重要体现。温泉水本身含有矿物质，如果用温泉水洗涤再加上洗涤剂，水质肯定要受到影响。在水循环利用的时候，就要注意有的可以循环利用，有的必须经过处理才能循环利用。

　　环境保护的关键是水环境的保护，污水要处理好，水的循环利用要做好，地热的循环利用也要做好。

(三)提高竞争意识

　　实现"五化"，关键之三是要提高竞争意识。竞争意识的提高，重在人才，必须要放眼全球，广招温泉人才。温泉人才是温泉十大功能配套方方面面的人才，不是某一方面的人才，而是全能人才。温泉企业一定要解放思想，人才是最有

江津珞璜温泉

北碚国旅颐尚温泉

效的竞争力，也是提高标准的实力支撑。

无论是"五方十泉"，还是"一圈百泉"，企业业主，特别是温泉企业与企业之间，在看待一切、对待一切、处理一切时，要和谐发展，不要人为形成一种相互干扰的壁垒。

三、完善"五化"的标准

在原有基础上，温泉规划、建设、管理达到目前的水平，已应属不错，但离"五方十泉"生态化、精致化、智能化、

人性化、标准化这"五化"的要求,还有很大的差距和进步的空间。最基本的生态化仍然达不到要求,这是给业主提出的具有挑战性的问题。要思考怎么按照这"五化"来完善。现在的温泉旅游不是说挖个坑就是温泉,引点温泉水就能够泡温泉。

温泉项目必须达到"五化"的要求,不管是以前建的或者是以后新建的,都要高起点、高标准。巴南区的东温泉"鲜花温泉小镇"就是我提出的一个理念。这个景区突出什么?我认为不要太多,就是以"五化"为基础,主要突出鲜花和温泉。因为全国温泉数不胜数,巴南区东温泉小镇鲜花加温泉就是自己独到的特色。

四、人性服务的保证

(一)温泉经营与人性设计

应该明白这样一个道理,温泉旅游是让客人放松身心的项目,其价值主要体现在对自然资源的合理开发和利用,而不在于人造工程的规模与豪华。现在存在一个不好的现象,有的企业和设计单位不去认真研究温泉旅游的概念和属性,不与温泉专业人士接触,不了解度假酒店与旅游酒店的区别,就简单复制传统的星级饭店的模式,结果就是过分强调豪华,忽视本土体验设计。因此,在温泉建设设计方面,特别是在人性化设计上,硬件的建设和软件的管理都应该进行周密的策划,使游客能够放松自如地享受其间。

"五方十泉"在建设中都必须体现出以"生态化、精致化、智能化、人性化、标准化"为特色的国际一流水准,目前

沙坪坝融汇温泉德式健康水疗馆

南川金佛山温泉度假村效果图

做的还远远不够。有的温泉项目在人性化的硬件设施和软件建设方面都缺乏必要的思考。硬件上体现在如何让客人感到方便、安全、实用上考虑不周，特别是一些细节，比如露天温泉池的大小、温泉池的距离、温泉池的深度，以及温泉池的卫生、进出温泉池的扶手、进出温泉室的通道、温泉的冬冷夏热、温泉度假功能的完善、服务配套等方面，都难以达到温泉康乐养生休闲的效果。

（二）人才需求与休闲服务

在改善"五化"方面，人才是必不可少的。优秀的专业人才是温泉旅游项目做好做大做强的重要保障。"五方十泉"在用人上基本都是企业培养的管理人才，严格说起来是管理人员。而这些管理人员绝大多数都是用管理酒店的模式在管理温泉企业和温泉中心，对于温泉旅游的一切管理方

重庆铜梁龙国际温泉中心效果图

九龙坡海兰云天温泉度假区

法和手段都必须重新学起，重新做起，否则就显得过于呆板，不够专业。

比如，我们每到一处温泉项目，业主都表示出了极大的热情，但实际上表现的是一种酒店礼仪，在温泉项目上并不合时宜。温泉旅游很休闲、很随意，相关服务应让客人感觉到很随和、自然、亲近。想象一下，去泡温泉的时候，旁边有一排人在那儿不断地给你鼓掌欢迎，不断给你弯腰致敬，你肯定不会感到放松，反而显得紧张和不自然，这就失去了温泉旅游休闲的意义。

五、"五化"标准的延伸

重庆温泉旅游业的发展态势是"慢走一步，干在实处"。虽然起步慢，但是做得实。由于做得实，在国际国内温泉旅

游市场上开始小有知名度和影响力。越是在这个时候,越是要保持清醒头脑,把握温泉旅游发展新趋势,顺应温泉旅游消费新要求,精心策划,赋予"温泉之都"丰富的内涵和外延,全面提升"温泉之都"的新形象。

回顾这些年重庆温泉旅游产业的发展,我把"温泉之都"的内涵概括为"五化",即生态化、精致化、智能化、人性化、标准化;外延总结为"七化",即养生主流化、消费大众化、产品多样化、服务个性化、市场层次化、发展低碳化、管理国际化。

融汇国际温泉城因为在上述两方面标准的融合,从而使融汇温泉产品更显得气势不凡。融汇温泉有可能是国内乃至国际温泉旅游市场上具有一定规模、一定档次、一定特色的"领袖级"产品。

第七章

它山之石——中外借鉴拓视野

●博采众长、独树一帜;事情只要看准了,就先干起来再说

●大的原则要把握住:第一规划、第二安全、第三质量;把住大的原则,其他都可想办法

●在借鉴基础上, 只要能形成具有自身特色的模式,就是创造,就是大师

按语:《诗经·小雅》有云:"它山之石,可以攻玉。"重庆温泉旅游的主导者和建设者们充分认识到了重庆在温泉旅游策划、开发和管理方面的弱势,即起步较晚、经验不足。在重庆"温泉之都"的打造过程中,始终保持了一种诚恳学习取经的心态。结合自身实际,通过潜心地考察和研究中外先进、优秀的温泉项目,带着问题学习先进的策划思想、发展模式和管理经验,使重庆温泉旅游发展能够"站在巨人的肩膀上",扬帆起航。

2006 年,重庆市政府组织了一次赴珠海、日本的温泉学习考察(报告附后),大家的一致感受是开拓了眼界,解放了思想,统一了认识,增强了信心。

学习考察期间召开了两次会议,第一次在珠海,主要研究"怎么学得进去"的问题;第二次在香港,主要研究"怎么干得起来"的问题。这两个问题解决得都比较好,并且在考察报告中作了全面的反映。考察回来后不久,时任重庆市委书记汪洋同志对考察报告作了重要批示:"对内注重提高品质,对外注重树立形象,既看到硬件差距,又认识到软件不足。赞成专题研究,强力推进。"

一、中外视野——可博采众长

在 2006 年上半年,我考察了市内大部分温泉项目,总体感受是喜忧参半。喜的是全市温泉开发已经有了一个良好的开端和发展态势,不光有量的积累,而且有质的变化;忧的是与珠海、日本温泉相比,重庆温泉有不小的差距,不同程度地存在着"数量少、规模小、档次低、管理差、人才缺"的问题。究其原因,主要是重庆温泉建设在操作层面上,存在着思路不够清晰、目标不够明确、重点不够突出、责任不够落实、措施不够有力等诸多问题。

在重庆"温泉之都"的前期建设过程中,我们并没有把温泉作为一个品牌来培育、作为一个产业来发展,以致我市的温泉旅游产业在较长时期还处于一个初始发展的阶段。比如统景温泉的开发建设,无论从规模、档次、特色还是经营效益上,与过去纵向比较是有长足进步的,但横向比较就

渝北统景温泉

相形见绌,既缺乏创意也少有激情。

　　我们之所以要走出去学习、考察,之所以要坐下来讨论、交流,目的就是通过吸取别人的长处,联系实际来弥补我们的短处。如果我们不假思索地照抄照搬珠海、日本的温泉发展模式,就是重复。但如果我们是在借鉴珠海、日本的基础上,有机结合我市的实际、中国的实际,形成具有自身特色的模式,就是创造,就是大师。

　　因此,在建设"五方十泉"项目的时候,一定要多出思路多出主意,多选思路多选主意。这样才能博采众长、独树一帜。

　　参加涪陵区泽胜温泉城的开工典礼,我感到很兴奋,原

因就是项目业主的一句话:他有信心把"泽胜温泉城"建好。信心就来自于他雄厚的资金,但是缺创意。我说这个好办,只要不差钱,什么都不差,什么人间奇迹都可以创造。我那次特别点了泽胜温泉城法人代表一起到欧洲去考察学习,在考察中,大家一起帮忙出创意。

二、案例借鉴——干起来再说

在2008年东温泉鲜花温泉小镇调研会上,我提出,一个景区的最佳建设时期是三年,或者说应该不超过三年。例如,山东省的南山景区,建设用了三年时间;烟台的三仙山景区,也用了三年时间。两个景区都建设得很漂亮。南山景区的特色是高尔夫球场,为全世界最大。如此大的规模,全

涪陵泽胜温泉城效果图

靠村民自己建设,之后因为规模小又兼并了邻近的 9 个村。烟台的三仙山景区,就在海边,是传说中八仙过海的地方,也是国家级风景名胜区,由一个民营企业投资建设。

　　基于以上案例,对于温泉项目的建设,只要看准了,就先干起来再说。大的原则要把握住:第一规划;第二安全;第三质量。项目开始建设之后,特别是涉及到规划的问题,用地的问题,园林局、规划局、国土房管局等主管职能部门,应该实实在在帮助地方和业主把好事办好。

　　国家对旅游开发的管理一直很严格,特别是对世界遗产、国家级风景区、国家森林公园管理非常严格,基本不考虑引入社会资金进行开发。但是,目前全国不少地方都在排除各种干扰,引入社会资金来开发旅游。例如,陕西省在大唐西市项目上就做了先锋,通过引入社会资金 35 亿元来开

永川香海温泉

江北铁山坪温泉酒店

发，新华社专门对此调研撰文。2008 年，《中国旅游报》刊登了一篇关于四川省对灾后旅游景区重建允许社会资金注入，参与世界遗产、国家文物保护单位、国家级风景名胜区、国家森林公园的开发和建设的文章，看后感到很振奋。我们的一些景区也可以通过社会资金注入的方式整合、完善，让一部分社会资金以恰当形式进入，合作对某一个景点实行整体开发，获得"1 + 1 ＞ 2"的效果。

近几年，经过对国内外优秀温泉项目的考察，吸取了他们的先进经验，因此"五方十泉"的项目建设从总体上都有值得肯定的一点，就是品位有所提升。重庆温泉旅游业的发展虽然有了长足的进步，在策划实施中、开发过程中、管理

綦江永城凤凰地热温泉项目王良故居广场鸟瞰效果图

九龙坡天赐温泉

接待中都比前几年有着不小的进步，但毕竟是现代温泉旅游的新秀，在今后的各个温泉项目上，还需要不断"借它山之石，造重庆之玉"。

政府主导　市场运作　努力打造"温泉之都"

——赴珠海、日本温泉学习考察报告

为打造"温泉之都",提升我市山水都市的旅游形象,实现"一年初见成效、两年显见成效、三年大见成效"的目标,市政府组织了以谭栖伟副市长为团长,重点温泉开发业主,重点温泉所在地的区、县政府领导参加的学习考察团。考察团先后赴珠海,新加坡以及日本的大阪、箱根、东京等地,对不同国家、不同风格特点的温泉进行了学习考察。从8月17日到28日共12天的学习考察中,考察团拜访了珠海市委、市政府,新加坡旅游局,大阪市、东京市观光旅游局并和日本国航并进行友好交流, 听取了日本地域研究所所长近腾先生关于日本温泉发展形态和重庆温泉之都发展基本观点的专题讲座;考察了珠海、日本有代表性的温泉;参观了广州白水寨、新加坡圣淘沙、东京迪斯尼等旅游景点。所见所闻都给人眼睛为之一亮、精神为之一振的感觉。考察团先后三次召开座谈会,就怎样"学得进去"、"干得起来"进行了认真讨论。大家一边看,一边议,一边想,共同的感受是开阔了眼界、解放了思想、统一了认识、增强了信心。总之,这次学习考察达到了预期目的,必将对我市打造具有山城特色的"温泉之都"产生重大而积极的影响。

一、珠海、日本温泉的基本特点

(一)珠海温泉的基本特点

珠海温泉的基本特点可以概括为起点高、项目大、品牌响三个方面。

一是起点高,是指珠海市委、市政府站在市场经济发展的高度,审时度势,认真研究珠海经济发展的特点,认真研究珠海在珠三角区域经济发展的地位和作用,认真研究周边地区市场消费发展变化的情况,充分利用本地优势资源,招引大客商,把发展旅游业作为新兴支柱产业来培育, 迅速将温泉旅游打造成为珠海经济新的亮点。

二是项目大,是指旅游大项目,也就是海泉湾大项目。首先是项目的规模大。海泉湾是港中旅集团公司在珠海投资的重大旅游项目,规划占地8平方公里,分五期建设。一期已投资22亿元,建成25万平方米的建筑,12万平方米的水域。其次是项目的手笔大。海泉湾是集温泉度假、主题公园、休闲娱乐为一体的超大型旅游项目。从项目一开始,就在世界范围内进行设计招标,确保了项目高起点、大手笔。第三是项目的影响大。海泉湾项目开业半年来,不仅营业收入超过两个多亿、旅游人次达200多万,而且形成了以港澳游客(占游客总量70%~80%)、以中高收入消费群体为主的客源市场。海泉湾在珠海旅游的龙头地位和对地方经济的带动作用已初步显现。

三是品牌响,是指珠海温泉旅游企业的名牌效应。除上述海泉湾外,御温泉项目更具代表性。此项目于1998年2月开业,是真正现代意义上的温泉旅游项目。项目虽然占地只有40多亩,投资也不多,但其服务和理念却十分超前。企业以服务和卫生作为企业的生命线,牢牢把握了温泉旅游的实质。目前,御温泉是全国最具影响力的十大旅游温泉品牌之一,是对外输出管理最多的企业,也是对外拓展最多的企业之一。

(二)日本温泉的基本特点

日本可称得上是温泉王国,久负盛名、独具特色。

一是有着悠久的历史。日本温泉总的比较传统,但又能根据经济社会的不断发展变化而推陈出新。从400年前的江户时期开始,日本的温泉由皇家的温泉浴场,逐渐发展进入民间平民使用的温泉澡堂。历经各个历史时期,并随经济社会的繁荣稳定而有起有落。第二次世界大战后,日本温泉进入快速成长期,由传统的温泉澡堂,进一步结合住宿和娱乐配套设施,成为大型的温泉休闲地。1973年日本昭和时期,又加入了健康疗养的设施,朝向温泉疗养地发展。1987~1991年是日本经济的快速增长时期,高档的温泉酒店此时成为最火热的投资项目,1991年日本经济泡沫化后,观光型的温泉疗养地受到较大的冲击,更贴近市场的都会型温泉、观光旅游休闲式温泉成为当前日本温泉旅游的主体。

二是有着宏大的规模。日本位于太平洋火山地震带上,火山活动频繁,但同时也造就了丰富的地热温泉资源。日本共有温泉总数26509处,涉及全日本2208个市、町、村。其中已开发利用18037处,占温泉总数的68%。日接待能力已达到138

万人次,尤以箱根为最。

三是有着厚重的资源。日本温泉的自然资源、历史资源、文化资源、环境资源以及市场资源厚重,且开发利用水平达到极致。

四是有着完善的功能。日本温泉分单一型和复合型,形成了服务不同消费群体的温泉大世界。

五是有着明显的特色。从日本温泉的发展形态来看,从早期平民百姓的温泉澡堂,到观光型的温泉度假区,再到温泉健康疗养地和高档温泉酒店,最后进入城市成为都会型的温泉设施。日本温泉基本涵盖了适应社会各阶层的温泉设施,丰富而多样。不论是传统的日式风格,还是浪漫的地中海风格,甚至是休闲的巴里岛风格,都呈现着百家争鸣、各具特色的多元形式,消费群体可依据不同的消费能力、不同的消费偏好来选择合适的温泉设施。

六是有着优质的服务。日本400年的温泉文化积淀,服务成为最核心的产品。从充满人性化的空间布置到精致的园林景观,从具有地方特色、美味又细致的日式料理到充满个性化的全程服务,无一不是体贴入微、关怀备至,真正体现了温泉服务的最高境界!除了良好的软硬件服务外,为了追求可持续发展,日本温泉对于公共安全卫生的要求极为严格。由于洗浴者众多,水资源有限,水中含有大量的微生物和多种化学物质,日本对温泉卫生管理制定了若干具体措施,比如入浴前必须淋浴净身,温泉浴池每小时的新汤注入量必须在1吨以上,对汤池、管线和泉水储藏罐等设施定期清扫和消毒,等等。种种规范措施,都是为了让消费群体放心使用,温泉产业因此得以健康持续发展。

七是有着精细的管理。在日本洗浴温泉,怎样使顾客感到方便、感到简捷、感到舒适,他们的管理就怎样做,而且十分到位。从管理学角度看,日本温泉管理涵盖了统筹管理、系统管理、智能化管理等方方面面,这也是日本温泉长盛不衰的原因。

二、珠海、日本温泉发展给我们的启示

"它山之石,可以攻玉。"珠海、日本温泉给我们的启示是深刻的,关键在于优势的培育和发挥。

(一)品牌优势

品牌决定生产力。重庆温泉之所以没有忠诚度和影响力,就在于没有品牌的支

撑。因此,重庆温泉必须培育品牌。这个品牌就是"温泉之都"。

(二)规模优势

规模决定效益。在日本著名的箱根温泉区,由于大大小小、林林总总500余家温泉旅馆或疗养所,从而形成了很大的经济效益和社会效益。2005年,箱根的游客流量就达1933万人次,过夜游客达到464万人次,旅游直接收入达691亿日元。因此,打造重庆"温泉之都",不仅要培育一批有影响的大温泉,而且要培育一批不同档次、服务不同消费群体的中小温泉。

(三)特色优势

特色决定市场。珠海、日本温泉无一不以特色取胜,尤其是日本温泉更以自身的风格和特色见长。

(四)管理优势

管理决定成败。温泉可以说是服务业中与人接触最频繁、环节最复杂、人们身心要求最多的行业。因此,以人为本的管理就成为温泉旅游能否取得竞争力的关键。珠海御温泉在其近邻占地几平方公里大而全、多而新的海泉湾开业后,门票价格不降反升,靠的就是管理。

(五)政策优势

政策决定发展。政策来自于政府,珠海、日本温泉政府的宏观调控是有力的。这个宏观调控就是通过政策来规范。重庆打造"温泉之都"就是要制订既有利于宏观调控又有利于微观搞活的政策。

三、重庆温泉发展面临的突出问题

应该说,重庆温泉特别是南、北温泉在国内外有一定影响力。近年来,市政府作出打造"温泉之都"的决定,都市温泉不但有量的积累,而且有质的变化。但严格说来,不仅和日本温泉比,就是和国内的北京、杭州、昆明、西安、珠海等城市相比,都有不小的差距。这个差距的突出表现就是缺乏特色。由于缺乏特色,重庆温泉还处于规模小、档次低、管理差、人才缺的初始发展阶段,增长比较缓慢。在操作层面上,还严重存在着思路不清晰、目标不明确、重点不突出、特色不鲜明、政策不落实、措施不得力等问题,没有把温泉开发作为一个品牌来打造,作为一大产业来培育。

四、努力打造具有山城特色的"温泉之都"

"临渊羡鱼，不如退而结网。"打造重庆"温泉之都"在于博采众长，独树一帜。

(一)统一思想，提高认识

一是随着人们生活水平的不断提高，我国旅游方式正在发生很大的变化，休闲度假旅游急剧上升。而温泉旅游度假是其重要的组成部分。对重庆来说，抓住了温泉旅游，就抓住了"山水都市游"的牛鼻子。

二是在西部甚至全国，在都市圈内有如此丰富的温泉旅游并不多见。重庆开发温泉旅游具有得天独厚的优势。

三是我市的温泉开发，既可以依托城市的基础设施而降低开发成本，又有都市巨大的消费群体，更可利用大都市的吸引力以及航空、铁路、公路、水运等交通网络吸引全国乃至更大范围的人流、客流。

四是现代意义的温泉度假游是集温泉、娱乐、餐饮、房地产等为一体的综合型产业，也是创意产业。因此，"温泉之都"的打造不仅可以极大地促进都市旅游的发展，也可提升重庆城市的品位和档次。

(二)合理布局、突出重点

一是要打造温泉之都，必须认真研究我市温泉发展的现状，合理布局、突出重点，抓几个重大项目，上一批中小项目，才能迅速形成温泉发展的优势，才能吸引较大范围的游客。

二是建议今后三年，在全市确立"五方十泉"作为政府重点支持和打造的重点。所谓"五方"，即东温泉、西温泉、南温泉、北温泉、中温泉；所谓"十泉"，是在上述五温泉中，每一方选择两个项目作为支持的重点。

三是"五方十泉"要做到"一年初见成效、二年显见成效、三年大见成效"。

(三)政府主导，政策支持

一是建议进一步加强我市温泉旅游发展和打造"温泉之都"的战略研究，包括温泉资源的开发、战略定位、区域布局、建设规划、政策法规体系，等等。

二是建议把打造"温泉之都"中的"五方十泉"列入市级重点项目，给予支持、帮助和督促。

三是建议在认真研究的基础上，就打造"温泉之都"出台专门的政策。

(四)培育品牌,突出特色

一是建议将"温泉之都"作为打造重庆温泉的品牌培育。

二是建议市、区两级政府和市级部门要为温泉企业的加快发展服好务,同时也要引导企业创品牌、出特色、上规模、上档次。

三是企业要加大策划和谋划的力度,认真研究市场,形成各具特色,服务不同层次的温泉企业群体。要通过政企共同努力,打造具有山城特色的"温泉之都"。

(五)舆论导向,营造氛围

一是舆论要先行。通过市内媒体乃至中央媒体使重庆"温泉之都"的概念及优势让大家接受,进而家喻户晓。

二是召开国际、国内专家研讨会,宣传重庆温泉,宣传温泉之都。

三是策划、谋划与形象宣传。可采用广告的方式,也可采用文艺创作等方式,加大重庆温泉宣传推介力度。总之,在市场经济条件下,打造"温泉之都",必须谋划,必须宣传,甚至要炒作。

(六)行业携手,开拓创新

一是建议成立重庆"温泉之都"行业协会,加强行业自律。

二是建议由市旅游局、市卫生局制定温泉旅游的有关标准。

三是建议由市国土局商有关部门制定温泉开发的有关规定。

二〇〇六年八月二十六日

第八章
榜样力量——典型带动树标杆

● 贝迪颐园——凸显"高水平规划、高起点建设、高效率管理"

● 巴南经验——"领导到位、程序到位、政策到位、理念到位"

● 工夫不负有心人：任何旅游产品都有一个完成、完善和完美的过程

按语：常言道，榜样的力量是无穷的。重庆温泉旅游的统领者适时充分运用了这一管理策略。对"巴南经验"的总结和肯定，从政府管理层面对重庆各区县温泉旅游的发展树立了标杆；对贝迪颐园、颐尚温泉和南温泉等项目的肯定和引导，从业主建设管理层面为重庆温泉项目的开发和建设明确了方向。而对南温泉项目建设的具体要求和设计建议，则是从更微观的层面，倾心引导了项目建设的品质与品位追求。

作者(左一)陪同国家旅游局局长邵琪伟考察九龙坡贝迪颐园

在"五方十泉"的建设过程中,实业家们通过政府组织,大家一起外出考察,又一起开会探讨,都不由得摩拳擦掌,暗自较劲。这就形成了一种蓄势待发、不甘人后的良好比拼心态。如果有"一泉"能够率先垂范、干出实绩,就容易拉动"十泉"建设同时推进。

一、两"颐"温泉的率先垂范

(一)贝迪颐园项目

"五方十泉"最先推出的是位于九龙坡区白市驿的贝迪颐园,在短时间内收到了很好的市场效果,成为在重庆乃至在西部地区都有较大影响力的温泉产品。看了"贝迪颐园"项目后,眼睛为之一亮。该项目呈现了"高水平规划、高起点建设、高效率管理"的态势。2006年花博会期间,时任重庆市委书记汪洋同志一行视察了这个项目,也给予了高度评价,寄予了很大期望。

九龙坡贝迪颐园温泉

(二)颐尚温泉项目

颐尚温泉的项目业主是一个国有企业——中国国旅。中国国旅在主营旅行业务的同时，这几年来也拓展多种业务，其中在开发景区景点和建设旅游接待设施方面，中国国旅就先行了一步。他们在南京建设的颐尚温泉，我们曾慕名去学习考察，感到做得不错。因此，通过市旅游局的引荐，北碚区委、区政府创造了一个良好的招商环境，终于把他们引了进来。

这个项目规划占地面积1平方公里，计划用3年时间建成，格调为温泉风情小镇。

该项目在"建设五方十泉、打造温泉之都"第一次流动现场会时还基本没有动作，没有达到进度要求。但在第二次流动现场会期间我去视察时，就有了令人精神为之一振的感觉。特别让我们欣喜的是，国旅集团下决心大手笔投入，全新打造颐尚温泉，很具战略眼光。在当时的"五方十泉"

北碚国旅颐尚温泉凤凰大泡池

北碚国旅颐尚温泉

中，走在前头、干在实处，不光有量的积累，而且有质的变化。当时"五方十泉"项目一年光景就能达到体验效果的还基本没有。短短一年时间，就能够达到那样一种形象要求，能够做出那样的品位，真是"工夫不负有心人"。

因此，我在第二次流动现场会上，就该项目对颐尚温泉现场负责的同志一个综合评价——用心、用功、用力。

我相信任何旅游产品都有一个完成、完善和完美的过程，我们期待着颐尚温泉尽善尽美。

二、巴南温泉的异军突起

（一）建设成效

市政府提出打造"温泉之都"，从主城区"五方十泉"率先突破。5年来，主城各区积极响应，力争上游。巴南区委、区政府，大力度推进"五方十泉"的项目建设，创新了新思路，形成了新优势，实现了继北碚区之后的异军突起。一个

巴南东温泉威特卡丝大酒店

在 2010 温泉旅游主题年专题会上发表讲话

是东温泉,初具规模,且具有一定特色;第二是南温泉,初见成效,且具有一定档次。

东温泉从 2009 年上半年开始着手,实施了以道路为载体的基础设施建设,水、电、气、通讯全面配套,在整个镇域范围内实施风貌改造,着力提高现有温泉企业水准,这样才有了一个温泉集群特色的风貌小镇雏形。

"2010'温泉旅游主题年'汇报会"在巴南区召开,这是对巴南区温泉旅游产业发展的肯定。

(二)"巴南经验"

这些年,巴南区对温泉旅游产业的发展审时度势,加强领导,加重投入,加大力度。特别是在加大力度上,做到了"四个到位":首先是领导到位,建立并完善了"三位一体"管理体制,解决了谁来抓的问题;其次是程序到位,建立了"先策划、后规划、再建设"的工作机制,解决了怎么抓的问题;再次是政策到位,建立了"温泉旅游+地产"的运作方式,解

巴南南温泉会所

决了重点抓的问题；最后是理念到位，建立了"生态化、精致化、智能化、人性化、标准化"的"五化"标准，解决了抓什么的问题。

这四个"到位"，就是"巴南经验"。既是经验的总结，又是方法的创新。

三、对南温泉的建设引导

南温泉项目是一次整合旅游资源，打造具有国际一流水准温泉的积极探索。在全市众多温泉中，南温泉做得相当不错的，并有一个突出亮点——步游道，给市民提供了一个良好的休闲步道，在放松心情之余还能强身健体。

南温泉项目在"五方十泉"中的榜样优势比较明显，需要做的就是要正确引导，再接再厉。

（一）项目开发思路

2008 年 6 月，我对南温泉项目整体开发提出了如下思路：

一是南温泉项目整体开发要充分利用其独特的历史文化遗存，充分考虑公益性和社会开放性；

二是东方温泉大世界二期项目在做好绿色环保的基础上，丰富项目内容，进一步加强工程精品化建设；

三是秀泉映月项目酒店二期按照五星级旅游饭店标准进行建设打造；

四是威特卡丝酒店在住宅泡池别具匠心的基础上，注

巴南东温泉威特卡丝大酒店

意施工的细部处理、项目配套、彰显个性；

五是对保利小泉、东温泉热洞、航空温泉酒店和桥口坝新城等因为种种原因未能达到进度要求的项目，要尽快找出症结，尽快作出决策，尽快启动建设。

(二)相关设计建议

一是整合步游道入口。

原步游道入口比较零散，没有科学设置，在规划的时候要考虑整合，集中为一个大的出入口，且入口处一定要有一个形象标志。比如泰山原有十多个出入口，后来整合成两个入口，并带有醒目的标志。再如北碚金银山步道，就只修建了一个大气的入口。但是我不太倾向用大量栽培植物来搞形象标志，有一个标志就行了。

二是完善配套设施。

第一是绿化。步游道绿化的理念，要达到白天看不到太阳，晚上看不到直射灯光的效果。绿化，原则上不搞整形绿

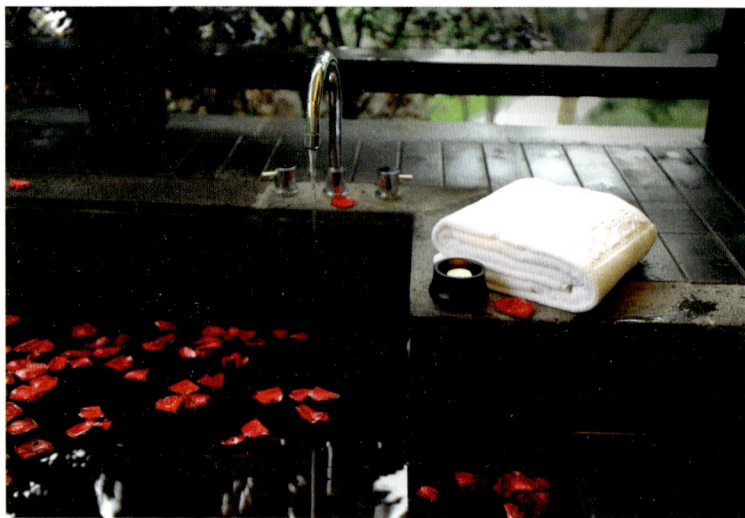

沙坪坝融汇温泉

化,而是要栽树,栽大树,在一些坡坡坎坎上也只需要搞少许的垂直绿化。

第二是路灯。路灯要特制,古色古香的灯罩,透出含蓄柔和的灯光,突出一种悠闲、惬意的氛围。

第三是果皮箱。设计要人性化,特制一些形如小动物般活灵活现的果皮箱,让人在整个步游中感觉不累,让人有看的、听的或想的,给人以游趣。还应该有亭阁的布景,如有可能最好有水景。

第四是开发建文峰。建文峰是整个南温泉步游道的灵魂。它在宗教文化方面的开发要厚重一些,但建筑体量要严格控制,不要显得突兀。这座山既然要凸显文化品位,就应该以静为主,修身养性才能显示内涵。建文峰一定要有自己的文化内涵,一定要提升自身的宗教文化建筑风格的档次。建文峰应该建成步游道的制高点,周围再加些小景作为点缀。

第九章
温泉地产——主次分明论平衡

●项目建设有投入就希望有产出,投入产出最快见效的当属地产

●要围绕温泉产业来做温泉地产,必须全力以赴先做好温泉

●借温泉之名行房地产开发之实,是典型的挂羊头卖狗肉

按语:以温泉的休闲养生价值为市场卖点,聚人气;以地产的合理开发赢得投资回报,汇财气。"温泉＋温泉旅游＋房地产"是温泉与产业嫁接的最佳经营模式。重庆温泉旅游发展的主导者强调,一方面应正视并合理倡导温泉与地产的产业嫁接,另一方面要高度重视并处理好地产与温泉、与环境的平衡关系。主温泉优先,斥羊头狗肉;倡合力公关,罚违规超建,真正实现温泉与地产的功能互补和共生共赢。

温泉在康体养生、旅游休闲上的巨大价值，为旅游房地产开发创造了非常突出的优势，其往往能以养生休闲特色在城乡房地产市场上形成强大的竞争力，从而取得可观的投资回报。"五方十泉"及"一圈百泉"建设，如果没有这种模式的带动，投资回报将十分困难。

一、正确认识温泉与地产开发的关系

我从 2007 年第一次"建设五方十泉、打造温泉之都"流动现场会反映的情况发现，虽然"五方十泉"大都在全社会形成了一定的影响力，但是重庆要打造"温泉之都"还差在执行力上。对于"温泉之都"的建设，目光应放远一些。项目建设有投入就希望有产出，投入产出最快见效的当然属地产。我们不反对温泉和地产共生共荣，但要妥善处理好温泉旅游项目中温泉和地产的关系。

九龙坡天赐温泉

2008年重庆市"建设五方十泉、打造温泉之都"第二次流动现场会

我在2008年6月的"建设五方十泉、打造温泉之都"第二次流动现场会上指出，"温泉＋温泉旅游＋房地产"无疑是温泉产业投资的一种有效运作模式。基于这样的现实，我们提倡这种运作模式。但是我们要动脑筋，做到共生共赢和相辅相成。要围绕温泉产业来做温泉地产、来做房地产。在这一点上，一定要保持清醒的头脑，一定要分清重与轻、主与次、先与后这三个方面的关系。显然要以温泉为重、为先、为主，全力以赴先做好温泉。

实际上，温泉做好了，必将是温泉房产和房地产的一大"卖点"。然而，有的温泉旅游项目主次不分，把地产当主业，温泉当副业。必须认识到，即使地产的面积和体量要大于温

南岸融侨半岛温泉

泉，从市场营销的角度看，也应把温泉作为主业放在第一位，要把主要精力放在温泉上，目光一定要放长远一些，不应该乱了主次，不应在温泉没建好之前就先做房地产。"五方十泉"项目中有的温泉还没做起来，房地产就已经做得差不多了。

二、充分协调温泉与地产开发的关系

在2006年"五方十泉"工作汇报会上，从各区县的汇报情况和了解到的情况看，有些部门在温泉与温泉地产方面做得不够到位。温泉的建设既不能过于豪华，也不能过于简陋。一些区县总是把"五方十泉"等同于一般的房地产项目，

"五方十泉"项目大都被与旅游酒店、商务酒店,甚至住宅小区、商业摩尔、企业会所混为一谈。

对"五方十泉"项目求全责备、顾虑较多,主要表现在一个"怕"字。我提出要谨记,在项目建设中如何高效完成相关工作才是重点,对于资金问题以及投入回报率问题不应该是我们"怕"的对象。我们的一些同志,怕来怕去,就是不怕"五方十泉"抓不上去。欲打造"温泉之都",政府和企业还缺乏合力攻关。

从区县政府看,受国家宏观调控的影响,普遍存在一些瓶颈制约。对企业面临的规划问题、用地问题、融资问题、政策问题、审批问题,都难以及时、合理、有效地解决,政府为企业分忧排难显得无能为力。从企业来看,受投资回报的影响,普遍存在短期行为。更有甚者,借温泉之名行房地产开发之实,是典型的挂羊头卖狗肉。

也正因为如此,"五方十泉"就有一个"边设计、边施工、边报批"三边工程的现象。如果新增规划面积、新增建筑面积属于公建,就不应是房地产开发,而应归属于公建项目;如果有一些建筑需要拆建还绿,比如"秀泉映月",建议必须把竹木房子全部拆除,规划部门就应把这类"五方十泉"项目作为一个特例给予支持。而超规划建筑面积就不能享受"五方十泉"的优惠政策,这就是处罚。

第四部分
"WENQUAN ZHI DU"
JIANSHE GONGZUO DE TUIJIN
"温泉之都"建设工作的推进

第十章
领导机制——"三位一体"是保障

● 三人领导小组既是一个团队,也是一种机制

● 三位一体的领导机制, 就是要把政府主导寓于企业运作之中

● 三人小组要和项目业主融洽在一起,对项目用心、用情、用力

按语:"政府主导、企业运作"是从操作层面推进"五方十泉"建设的总体方针。为了确保"温泉之都"打造的执行力度与落实程度,重庆市从行政层面自上而下创立了相应的管理机制。尤其是确立了以有关区县长为第一责任人、分管领导为第二责任人、旅游局长为联系人的"三位一体"的高效领导机制,并明确了三人小组的工作任务和目标责任。从而真正落实了在"政府主导"上充分给力于"五方十泉"建设的领导保障机制。

一、"五方十泉"的领导体系构建

建设"五方十泉"关键在人,关键在于有一批有高度事业心和责任感、有强烈敬业精神和严谨工作作风的主管领导和分管领导。

从市政府的层面,全市成立了"重庆市温泉旅游产业发展领导小组"这样一个跨部门的专项任务机构,由分管副市长牵头,成员由市委宣传部、市旅游局、发改委、规划局、国土房管局、招商局、文化局、交通局、城乡建委、水利局、环保局等相关部门人员组成,下设专门工作组。

在区县"温泉之都"项目建设领导机构的设置中,我们确立了有关区县的区县长为第一责任人、分管领导为第二责任人、旅游局长为联系人的三人小组。第一责任人亲自抓,负总体责任;第二责任人具体抓,负具体责任;联系人则负责日常事务的承办。三人小组既是一个领导团队,也是一种领导机制,不受换届、人员交替的影响,谁在这个位置

北碚北温泉柏联SPA

九龙坡天赐温泉

上,谁就承担相应的职责。

二、"五方十泉"的领导工作任务

我们认为,建设"五方十泉"是一个较长时期内的社会系统工程,推进的思路是"政府主导、企业运作"。作为政府,就是要通过政府的行政行为实施对温泉开发的总体规划和管理、资源配置的掌控、开发建设的招商、基础设施的配套、优惠政策的支持。作为企业,就是要通过企业的行为,实现对温泉项目的高水平规划、高起点建设、高效率管理。

"三位一体"的领导机制,就是要把政府主导寓于企业运作之中,真正形成"政府 + 企业"的运作模式。三人小组要和项目业主融洽在一起,就像交朋友,这样才能对项目用心、用情、用力。在这个问题上,我认为政府要能管住自己,"心中无冷病,就不怕吃西瓜"。目的是为了推进事业的发展,把"五方十泉"作为一项事业来发展,全身心投入。

作为分管领导和旅游局长,首要任务是要提出供政府决策的依据。作为一个分管领导,如果能够通过自己的努力争取到主要领导的支持, 就算尽到了责任, 把工作做到了位,否则就将一事无成。因此,我提出有关区县政府的分管领导,要充分发挥主观能动性,争取各方支持。

要做好"五方十泉"建设工作,有关领导同志不仅要同有关部门共同研究解决问题, 还要深入项目建设现场检查督促、研究解决问题。"建设五方十泉、打造温泉之都",重在"建设"和"打造"。只有在项目一开始就做好有关监检查促工作,才能确保工程的万无一失,高质量完成。

三、"五方十泉"的领导目标责任

我提出,把"五方十泉"项目建设工作纳入区县政府的工作目标责任制,作为各区县政府严格考核的内容。"五方十泉"涉及到的区县都建立了以区县长为组长的"三位一体"领导机制, 这样一个组织领导机构应该说是有战斗力的。领导小组应该切实负起统筹、协调、监督、服务的责任,加大力度把工作的立足点和归宿点放在企业、放在项目上。

体现在执行力上,就要看各级政府的基本功——发现并解决问题的能力。政府的基本功如果练不好,就不会体现强有力的执行力。之所以说"三位一体"的领导机制是成功的、科学的,就在于在建设"五方十泉"中发现的问题,都能够在区县政府这个平台上、这个范围内得到有效解决。

加强领导不是一句空洞乏力的口号,而是要落实在硬实力和软实力上。落实硬实力,就是为"五方十泉"项目提供以道路为载体的水、电、气、通信、宽带等基础设施建设

石柱冷水温泉效果图

的综合配套；落实软实力，就是要创造一种开放开明的思想环境、诚信优惠的政策环境、规范有序的法制环境和方便舒适的生活环境。因此，各区县领导要有高度的事业心和责任感，把温泉当作一项事业，以严谨的工作作风、强烈的进取精神干事创业。

四、"一圈百泉"的管理制度保障

政府对于"一圈百泉"的建设也给予了一定的制度保障。

一是建立联席会议制度。市政府责成由市旅游局牵头，各相关部门参加，建立"建设一圈百泉、打造温泉之都"联席会议制度。办公室设在市旅游局，负责"一圈百泉"的统筹协调、监督服务。

二是实行工作目标管理。市政府对相关的区县部门实行建立"建设一圈百泉、打造温泉之都"的工作目标管理制度。每年建立一个目标管理制度，由市政府督察室进行督察督办。

三是加强部门的配合协调。市级各部门要站在执政为民、服务发展的高度各司其职、各负其责。

第十一章

齐抓共管——政府主导求协调

● 温泉旅游既是市场竞争性产业，又是政府引导性产业

● 给条件是"三到位"，给政策是"三减免"，给支持是"三结合"

● 政府扶持应两方面同步推进，认识要提升，力度要加大

● 只要事情干起来，问题就逐步会有一些解决思路

按语：重庆温泉旅游的开发与"温泉之都"的打造，是一个纷繁复杂、综合性极强的系统工程；全面关联项目业主单位、区县政府和诸多市级政府管理部门。由此决定了政府主导是根本，统筹协调是关键，齐抓共管是保证。重庆温泉旅游的总设计师，不仅在系统引领政府主导与齐抓共管的总体思路、推动相关政策法规的制定、统筹相关地方与部门的协调、促进各个方面的共识等层面上发挥着统领作用，而且在政府扶持的贯彻、优惠政策的操作乃至资源

配置的统筹与规划用地的协调等环节，也系统地提出了明确的工作要点、措施、办法与策略。在这一过程中，其既为共识问题与工作推进而纠结，更为在行动中寻求问题解决而乐观。

一、政府主导的意义与举措

（一）政府主导的意义

市规划局讲了一个观点，我很赞同：温泉旅游产业既是一个市场竞争性产业，又是一个政府引导性产业。因此，这个产业有其特殊性，尤其是重庆的温泉旅游产业才刚刚起步，加上这一产业投入比较大、回报周期比较长，尤其需要政府的大力支持与引导。

（二）扶持政策的出台

回顾"五方十泉"建设，之所以能在短时间内做出这么鼓舞人心的业绩，很大程度上在于 2006 年出台了《重庆市人民政府办公厅关于加快"五方十泉"建设打造"温泉之都"的意见》（渝办发〔2006〕221 号文件），出台了一系列政府扶持温泉旅游产业发展的优惠政策；并且每到年底，由市旅游局牵头会同相关部门通过检查验收，使相关优惠政策全面兑现。

（三）法规制定的完善

2006 年，就战略措施方面，我提出要做好法规完善工作。由市国土房管局、旅游局、卫生局分别牵头，市级有关部门配合，讨论制定并逐步完善打造"温泉之都"产业开发经营行为的法规。其中包括对温泉钻探、分配、温泉标牌管理、温泉服务设施评级、温泉卫生监督检验实施等作出明确规定，并按规定严格执行，在 2007 年底以前逐步推出。

与此同时，成立温泉旅游行业协会，以加强行业自律。行业协会在"五方十泉"业主基础上由市旅游局牵头组织建立。

(四)项目规划的统筹

对"一圈百泉"项目，我就提出了统筹规划的思路：首先由市旅游局进行统一策划；在此基础上，由市国土房管局对"一圈百泉"的温泉资源进行调查评价和资源论证；再由市旅游局在市规划局和市国土房管局的配合下，结合城乡总体规划、土地利用规划、旅游专项规划和地热资源勘察开发规划，统筹规划"一圈百泉"的项目和布局。

酉阳大河口温泉效果图

（五）要素配置的助引

地热、土地和资金,是"五方十泉"最重要的三项要素配置。通过政府行为实施市场配置,让看得见和看不见的"两只手"共同起作用。

地热和土地都属国土房管部门管理, 这就要求市国土房管部门加大对区县国土房管部门的指导。由此我提出,市国土房管部门要组织有关人员对"五方十泉"涉及的地热和土地问题进行认真分析和研究。在此基础上,本着"环节从简、办件从快、政策从优、收费从低"的原则,采取现场办公的形式,及时、妥善解决好相关需要解决的问题。

温泉项目建设中的资金问题虽属企业行为, 但区县政府要为企业融资创造环境、搭建平台。多年来,一些企业发展的经历证明,在企业遇到困难时政府帮一帮,企业就可能会因此渡过难关,得到发展;如果政府拖一拖,企业可能就过不了这个坎。因此,"五方十泉"项目建设涉及的经费问题,应由所在区县、有关部门、项目业主等多渠道解决。

（六）战略战术的结合

打造"温泉之都",政府必须从战略和战术的结合点上动脑筋、下决心、花工夫,这样才能使"温泉之都"打造达到一种登高望远的意念和境界。

二、优惠政策的操作与落实

（一）"五方十泉"政策的操作落实

2006 年 10 月,我就推进"五方十泉"建设提出了"发点球"意见。所谓的"发点球",我理解就是因事制宜。考虑到万

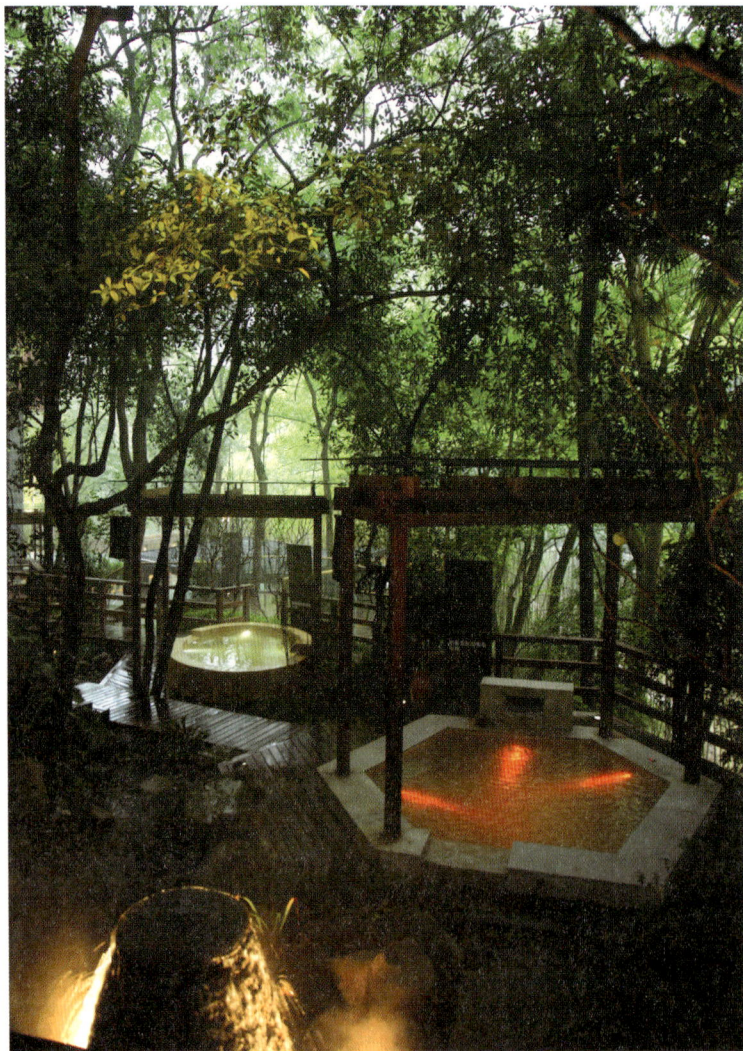

巴南南温泉瑞泉养生庄园

事开头难，市政府专门下发了221号文件，从政策上支撑
"五方十泉"项目的建设。这是一种特定的激励机制，因为文
件严格界定了只有纳入"五方十泉"，才能享受优惠政策。优
惠政策重点包括七个方面，即规划审批、资源配置、用地提
供、税费减免、资金融通、设施配套、目标管理。

关于优惠政策,对"五方十泉"实行"因事制宜、一泉一策"。这就要求市级有关部门各司其职,加强沟通,密切协作,共同推进"五方十泉"建设。特别是市发改委、财政局、旅游局、规划局、城乡建委、国土房管局、园林局、交委、环保局、卫生局、地勘局等部门,要按照自身职责分工制定相应工作方案,提出具体工作措施,出台相应的优惠政策。要以建设"五方十泉"为己任,站在服务发展的高度,"想所盼、帮所需、解所难",既要雪中送炭,又要锦上添花。

"五方十泉"作为"温泉之都"的先行者,需要探索,探索就必然要付出成本。因此,对"五方十泉"实行政策优惠是无可厚非的。市旅游局等6个部门就如何确保优惠政策落到实处,共同拟定了《关于"五方十泉"项目优惠政策的实

永川香海温泉

施意见》，以启动这一激励机制。

（二）"五方十泉"政策的适用要求

"五方十泉"按市政府办公厅 221 号文件的规定，优惠政策全面落实。而市政府对后来推出的"一圈百泉"，原则上不再出台专门的优惠政策，采取由所在区县政府根据自己的实际情况，参照"五方十泉"优惠政策，在资源开发、土地供应、项目管理、税费减免、金融支持等方面自行出台相应政策，对"一圈百泉"实行一企一策、一泉一策的支持办法。

优惠政策也是一把双刃剑，对政府部门和项目业主都是严峻的考验。一方面，要求政府部门全面落实，不打折扣，这是对市政府、区县政府以及有关部门执行力的检验；另一方面，要求项目业主全面对接，不能弄虚作假，要对历史负责、对发展负责、对市政府负责、对项目负责。同时，这也是

九龙坡贝迪颐园

市政府对区县政府、项目业主信誉度的检验。

由此我提出，市旅游局要切实牵好头，有关部门要各司其职，特别是有关区县政府在具体操作上要严格把关，对"五方十泉"的范围不得随意扩大。市级层面的优惠政策范围就界定在现有的"五方十泉"的"10+2"以内（纳入"五方十泉"的10个建设项目，加上2个后备项目）。考虑到巴南区要申报"中国温泉之乡"，并推出东泉"温泉小镇"品牌，故在原来东温泉组团3个点的基础上扩大到5个点。

三、政府扶持的要点及贯彻

（一）政府扶持的"给"支持

"温泉之都"建设中的政府扶持，应该着重体现在三

"给"："给"条件是"三到位"，"给"政策是"三减免"，"给"支持是"三结合"。这三"给"，对区县而言，是一个方向性的政策；具体到一个项目，还得是"一企一策、一事一议"。

"给"条件"三到位"表现为：给资源配置、给土地配置、给基础设施配置，要确保"给"到位。资源配置就是地热，土地配置就是温泉加温泉旅游地产的土地，基础设施配置就是以道路为载体的水、电、气、通信的大配套。

"给"政策"三减免"表现为：土地出让金、建设配套费、资源补偿费的减免。有的是减，有的是免，主要是指温泉旅游的公建部分。就十大温泉旅游重点企业业主反映的情况看，政府扶持应着重体现在"给"政策上。

"给"支持"三结合"表现为：政府领导体制、企业运行机制、部门目标管理责任制三结合。

巴南南温泉会所

　　政府的支持体现在优惠政策上,既要有力度,也要落到实处。为使优惠政策落到实处,我提出由市政府办公厅牵头制定一个实施细则,在操作上由有关区县申报,市旅游局牵头召集市级有关部门审核提出意见,报市政府审定后,由有关部门据此执行。涉及到的税费必须坚持"两线运行"。与此同时,区县和市政府要共同把好建设"五方十泉"必须达到的目标水准这一关。

(二)协调贯彻的"三"态势

　　在2006年市政府召开的建设"五方十泉"工作汇报会上,听取各地各部门汇报后,我总的感受是各地各部门贯彻建设"五方十泉"专题会议的精神、扶持"五方十泉"项目建设上,态度是积极的,效果是良好的,问题也是存在的。

　　说态度是积极的,是因为各区县都对建设"五方十泉"

巴南南温泉会所

专题会议进行了及时汇报、研究并形成了共识，进一步理清了思路、明确了目标、落实了责任、强化了措施，一个"建设五方十泉、打造温泉之都"的热潮正在兴起。

说效果是良好的，是因为各区县都采取了各种不同的形式，对建设"五方十泉"进行了程度不一的现场办公，切切实实地帮助解决了一些诸如体制性、政策性、环境性障碍，有力地推进了建设"五方十泉"项目的基础性工作，不少项目取得了明显进展。为此，我们对建设"五方十泉"更加充满信心。

说问题是存在的，是因为从有关区县反映的情况来看，在其定位、资源、规划、项目、政策、用地、融资、审批、配套等方面都不同程度地存在着这样或那样的问题；并且这些问题在区县政府和项目业主层面上，一时还难以解决。从这个角度来看，建设"五方十泉"任重道远。

围绕有关区县反映出的一些突出矛盾和问题，市级有关部门有针对性地提出了一些解决的办法，体现了"执政为民，服务发展"的责任意识、大局意识、发展意识、创新意识。

建设"五方十泉"市政府已经下了决心，有关部门要做到"专心、到位；言必信，行必果"。

四、共识问题的纠结与推进

政府扶持的道理很简单，不言而喻。但在实际操作过程中，却一直很难形成共识，致使很多温泉旅游项目处于一种非常尴尬的境地，欲上不能，欲下不忍。

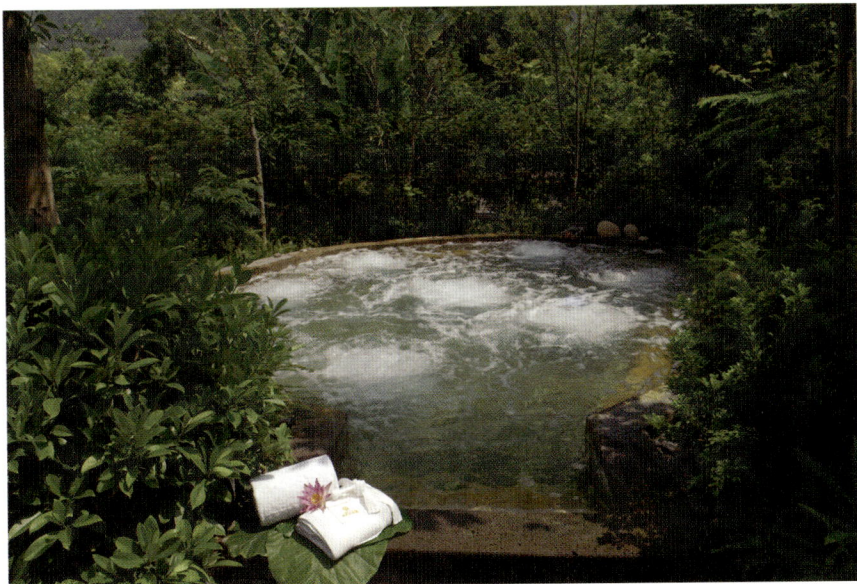

北碚北温泉柏联SPA

例如,缙云山十里温泉城的业主是受到重庆打造"温泉之都"的感染,从云南到重庆来投资,参与的态度最积极,颇有雄心壮志。但是,由于多种原因的制约,有客观的也有主观的,项目历时三年,实实在在的前期工作也有两年,项目却一直难以启动。症结所在,主要还是因为没有完全形成共识。直到目前为止,这类问题依然存在。

早在2007年第一次"建设五方十泉、打造温泉之都"流动现场会上,我就提出"八个缺乏"问题。虽然会后加大了整改力度,但效果并不太明显。如缺乏合力公关的问题,涉及到规划审批、资源配置、土地供应、政策优惠、环境打造、设施配套等方面,政府和业主难以形成共识,较长时间内反反复复磨合。有区县政府的原因,有市级部门的原因,也有企业业主的原因。往往是某一个环节没有突破,接下来的工作就难以推进。

在2008年第二次"建设五方十泉、打造温泉之都"流动现场会上，我又提出"五方十泉"要调动两个积极性问题。虽然加大了工作力度，但效果也不明显。如融汇温泉项目，项目很好，业主也很优秀，三次流动现场会、三次现场办公会，每次都讲到了时间、定位、规划、建设、土地、资金、拆迁、配套等问题，几乎每次政府和业主都表了态，但项目在前三年时间基本没有大的进展。天赐温泉和统景温泉在我们提出打造"五方十泉"以后，在规模、档次、特色上也没有大的提升。

在 2007 年、2008 年两次流动现场会上，我都提出"五方十泉"要达到三个阶段性工作目标的问题。虽然加大了推进力度，但效果仍不明显。比如"三年大见成效"的问题，到了 2009 年底，也没有哪个项目能全面完成，项目建设普遍有欠账。

因此，我认为，政府扶持应从两个方面同步推进：一是认识要提升；二是力度要加大。如果不提高认识，力度就无法加大。

石柱冷水温泉效果图

巴南东温泉秀泉映月温泉

五、相关方面的协调与统筹——东温泉案例分析

（一）规划用地的协调思路

在巴南区东温泉规划问题上，我认为首先要有一个规划调整的方案，要提出方案调整的必要性和可行性，主动与市园林局等部门沟通衔接。市园林局则应考虑到鲜花温泉小镇是市政府实施旅游"大项目、大投入、大营销"的一个重点，同时考虑到当时"五方十泉"建设的具体情况。因此，我建议对东温泉风景区进行一些微调，但这个微调要适可而止。总体而言，规划方案要体现越调越好，而不是越调越差。让微调起到锦上添花的作用，可行性就比较大。

在用地问题上，我当时提出，按照凌月明副市长关于"东温泉景区的建设用地，可以走城市用地的增加和农村建设用地减少挂钩"的批示精神，由巴南区提出方案，请市国土房管局专门组织一次调研，与巴南区形成共识，提出解决东温泉用地问题的办法，报市政府审批。

东温泉的一些公建项目用地问题，比如道路改造、接待中心，以及一些旅游基础设施建设的用地问题，巴南区可以按照项目用地需要，直接向市国土房管局申报。如果规模不是很大，市国土房管局可以帮助解决一点项目用地。关于道路用地，弯进去、鼓出来的小部分，实际上巴南区自己也有一点土地指标可供调控。

(二)资源配置的统筹借鉴

关于综合补偿问题，是由政府来配置各种资源，来综合平衡整个财务。巴南区政府在自己的区域范围内，我认为有优化配置的权利，如在各种资金的集中方面，就有这个能力。无论是交通、水利、农业还是移民，可以说方方面面的配置，只要稍微动点脑筋，就可以集中。比如当时搞"森林重庆"，巴南区也要搞"森林巴南"，如果配置资源的时候稍加研究，把巴南的森林向城市集中和向景区集中，把森林巴南的资金明确配置一部分在东温泉，也就达到了资源配置的目的，就不会需要管委会到处去筹措资金栽树了。当时我看了几个县对配置资源还真是动了脑筋，做得比较好的是荣昌和开县等，就是向景区集中和向城市集中。所以说，综合补偿就是政府来综合资源配置，滚动开发就是不断地融资、不断地建设。

总而言之，办法总比困难多。我们今天想不出的办法，明天也许就出来了；这一届政府想不出的办法，下一届也许就想得出来了。如果现在去把今后的事情考虑太多，这些问题就很难解决。

只要事情干起来，问题就逐步有一些解决思路。

第十二章
工作方法——全面紧逼重实效

● 我们的口号是：一级抓一级，层层抓落实，全面紧逼，步步逼紧

● 不经历风雨，怎么见彩虹，没有人能随随便便成功

● 有毅力者成，反是者败，我们需要一种毅力的激励

● 所谓执行力，就是"说了算、定了干，雷厉风行，不打折扣"

按语：如果说"温泉之都"战略构想的恢弘性与科学性体现了决策者的视野与底蕴，那么"温泉之都"战略的强力推进和有效落实则渗透了统领者的使命感与统筹能力。"说了算、定了干，雷厉风行，不打折扣"，强化了对执行力的追求；"一泉一策、一事一议"，引导了落到实处的保证。由此形成的实施方案路径清晰、步骤明确、要求到位、措施得力。通过全面紧逼、步步逼紧的工作方法，重庆"温泉之都"的建设正朝着宏伟的理想加速迈进。

一、强力推动的工作

目标一旦确定,就要开始全面的战略部署,不懈怠、不拖延。关键在于用实实在在的工作方法和措施去强力推动,以实现预期的目标。在2006年的"温泉之都"建设专题会上,我提出要从长远着眼,从实际出发,做好相关工作:

一是抓好战略研究。由市旅游局牵头,通过国际招标,聘请国际一流的策划公司,为重庆打造"温泉之都"提供一个具有前瞻性和可行性的战略研究报告。

二是抓好资源普查。由市国土房管局牵头,市旅游局、市规划局等部门通力配合,聘请温泉行业的专家参与,对全市特别是主城区及近郊区县的温泉资源进行全面普查,为温泉资源的开发利用、温泉项目的合理布局提供科学依据。

九龙坡贝迪颐园

三是抓好规划制定。由市规划局牵头,市发改委、城乡建委、国土房管局、交委、旅游局、园林局等部门配合,在温泉资源普查的基础上进行总规和详规,以指导项目修建性规划的制定。

规划必须以温泉项目为基础,没有项目的规划是空规划,没有规划的项目是缺乏科学性的项目。应该强调以项目为前提的规划,强调规划的务实性。

四是抓好项目带动。由有关区县政府牵头,市招商部门配合,按照"五方十泉"地理空间布局,启动一批有影响、有牵动性的温泉项目,力求做到"一年初见成效、两年显见成效、三年大见成效"。

抓"五方十泉"就是抓重点,抓重点就是抓突破,抓突破就是抓发展,以重点带动一般,这既是一种工作方法,也是一种发展模式。从国内外温泉旅游的发展看,温泉产业的集成,无一例外地都有一个龙头项目引领,形成雁阵式的发展模式。我们希望"五方十泉"中也能出现领头雁。目前大家都处在一个平台,一条起跑线上,就看谁跑得最快,谁最先达到成功的彼岸。这不光是实力的较量,也是智慧的争锋。

九龙坡贝迪颐园

巴南南温泉瑞泉养生庄园

五是抓好政策支撑。由市旅游局牵头,市级有关部门配合,讨论制定并逐步完善打造"温泉之都"的政策措施。主要包括规划审批、用地提供、规费减免、资金融通、设施配套、目标管理等方面。

我提出,市旅游局应建立"五方十泉"的项目目标管理责任制,并实行动态管理。各相关区县政府应就"五方十泉"涉及到的温泉项目进行专题研究,开展现场办公,解决好实施过程中的突出矛盾和问题,把突出矛盾和问题消化在区县层面。

"十泉"有着各自不同的情况,处理起来就要区别对待。我们采取"一泉一策、一事一议"的办法,使我们的工作推进更加实在。特别是在每一个"泉"的上下衔接问题上,有关区县政府特别是分管领导和旅游局应做到全程服务。

六是抓好法规完善。由市国土房管局、旅游局、卫生局分别牵头,市级有关部门配合,讨论制定并逐步完善打造"温泉之都"产业开发经营行为的法规,并按规定严格执行。

七是抓好项目推介。由有关项目区县政府牵头,市级相关部门配合,建立好温泉招商项目库,认真做好温泉项目的策划、整合和推介。

八是抓好产业集群。由有关区县政府牵头,市级相关部门配合。各有关区县在温泉资源相对集中的地区建立管理委员会,实施对温泉资源的统一规划、招商和基础设施建设。

为落到实处,市旅游局要拟定建设"五方十泉"目标管理责任书,签订了责任书就是立下了军令状。我们的口号是"一级抓一级,层层抓落实,全面紧逼,步步逼紧"。我强调自己一定和大家一起尽心尽力、尽职尽责来完成这项宏伟的事业。

巴南东温泉东方民俗温泉

二、紧抓不放的步骤

建设"温泉之都"，我们的确面临重重困难，但哪一项宏伟的事业会是坦途、没有坎坷？"不经历风雨，怎么见彩虹，没有人能随随便便成功。"梁启超有篇文章叫《论毅力》，其中有句话是"有毅力者成，反是者败"。我们正是需要有一种毅力，以激励我们对建设"温泉之都"抓住不放，直到成功。

南岸海棠晓月温泉

　　我们明确,在当前和今后一个时期,要切实抓好"战略研究、资源普查、规划制定、项目带动、政策支持、法规完善、项目推介、产业集群"八个方面的战略措施,并对每一方面都从责任上、时间上、任务上提出具体要求,使有关区县和市级有关部门切实负起责任,牵头的责任单位把头牵起来,把工作不打折扣地落到实处。

　　机遇总是向着有准备的人,"建设五方十泉、打造温泉之都"的各个方面都要倍加珍惜机遇,奋起一搏。2006 年"五方十泉"全面实质性启动;三年内,也就是 2009 年以前"五方十泉"全面实质性完成。凡是在 2006 年年内不动、启动后不见进度的项目,从 2007 年起就不再纳入"五方十泉"范围。并要求市"五方十泉"建设领导小组办公室要加强督办,决不可失之于宽。

　　同时,启动之初严格要求开发商按照项目时间表开工建设,细化"五方十泉"项目倒计时工作推进表,由市"温泉之都"建设领导小组办公室统筹。坚持分项目每季度公布一次倒计时工作进度,每年召开一次"五方十泉"建设流动现场会,对达不到倒计时进度要求者,要通过流动现场会查找差距、分析原因、增强措施,到下一次现场会时仍不能达到进度要求,就自动退出。

　　"五方十泉"属于基本建设项目,必须按照基本建设程序办事。乱了章法,则欲速不达。之所以有的项目迟迟不能开工,或者一开工就停工,甚至一停工就数月之久,就是因为没有按照基本建设的程序办,没有理清头绪,致使很多工作难以推进。有的项目业主没有完全搞懂有关程序的重要性。比如有的认为地热是自己通过企业行为开发出来的，就应归企业所有，其实是大错特错。地热是属于国家所有的矿产资源，国家要按照市场原则合理配置资源，企业要完善有关手续才能合法使用。因此，有关部门对诸如此类手续办理的程序应该进行精心指导，以便于企业尽快完善有关手续。

三、不打折扣的执行

2007年我在考察了"五方十泉"项目之后，认为虽然大都达到了进度要求，但仍然存在各方面的差距。

一是虽然"五方十泉"大都启动建设，但从当时的进展来看，与"一年初见成效、两年显见成效、三年大见成效"的目标要求差距甚远。

二是虽然"五方十泉"大都实行了高品质定位，但从当时规划建设的水平来看，与"生态化、精致化、智能化、人性化、标准化"的国际水准要求相比，还是大打折扣。

三是虽然"五方十泉"大都完成了资源整合，但遵循"五

九龙坡天赐温泉

坚持一合作"的游戏规则尚不规范。

四是虽然"五方十泉"大都给予了优惠政策,但从落实的情况来看,要做到言必信、行必果、取信于人还需努力。

五是虽然"五方十泉"大都明确了建设程序,但从实际运作的情况来看,对基本建设程序的要求都有缺位。

六是虽然"五方十泉"大都纳入了市、区的重点建设项目,但就"重点建设项目无小事"的要求来看,有效配置诸如地热、土地为主的资源尚待突破。

七是虽然"五方十泉"大都体现了各自不同的建设风格,但从实施的情况来看,要力克"借建设温泉之名、行地产开发之实",尚难完全规避。

八是虽然"五方十泉"大都在全社会形成了一定的影响力,但从流动现场会反映的情况来看,要打造"温泉之都"还差执行力。

针对当前"建设五方十泉、打造温泉之都"喜忧参半的状况,我们的基本态度是既不盲目乐观,也不消极悲观,重

要的是要加大各级各部门的执行力。所谓执行力,就是"说了算、定了干,雷厉风行,不打折扣"。

四、全面紧逼的要求

在全面紧逼的工作方法指导下,2008年的第二次流动现场会上,我提出要围绕企业最直接、最现实、最紧迫的诉求抓工作。

首先要抓好地热、土地和资金为主要内容的要素配置。

温泉资源和土地属于国土部门管理,我们建议国土部门从市级开始,对"五方十泉"所涉及的温泉资源和配套土地问题进行一次全面清理对接和落实。关键在落实,原则是要优先、从重、快捷,一句话就是:特事特办。

同时,区县政府要为企业的融资创造环境、搭建平台,在企业遇到困难的时候帮助其渡过难关。

其次,要抓好优惠政策的落实到位。

221号文件出台的优惠政策每年10月份通过验收兑现。市旅游局等6个部门以及相关区县政府都要各司其职,不打折扣地认真落实。

2008年是重要的一年,不仅为2007年初见成效还了欠账,更重要的是为2009年大见成效打了基础。由于2007年初效果并不是很好,没有起好步,2008年又受到国家宏观调控的影响,当时形势是挑战与机遇同在,希望与困难并存,需要采取行之有效的措施全力推进。关键是同时发挥两个积极性:企业行为积极有为,政府支持加大力度。

　　企业行为主要体现在建设运作上，速度就是效益。在2008年的第二次流动现场会议上，我指出"五方十泉"要以2009年大见成效为限，进一步优化倒计时工作方案，尽快形成一个全面紧逼、步步逼紧的发展态势，力争做到天天有新变化、月月有新进展、季季有新形象。

　　以南温泉为例，我在2008年南温泉旅游开发的调研会议上指出，南温泉的旅游项目，要提前一年完成。绿谷公司原定2011年完成。基本建成应是2010年，全部建成可以考虑到2012年，以此做倒计时安排。

五、优惠政策的时效

　　市政府办公厅221号文件为"五方十泉"量身打造的优惠政策，2009年就到期了。因此，我们要求相关区县、企业

巴南东温泉天体酒店

尽最大努力用好、用够、用足优惠政策,市级部门及相关区县重点对"五方十泉"和"一圈百泉"项目在规费减免、土地供应、资源配置、规划调整等方面实行无缝对接,特事快办。市旅游局会同相关部门切实把握好时机,确因客观原因耽误工期,不能完成的项目,优惠政策可以延期一年,但必须符合以下条件:一是必须属于享受"五方十泉"优惠政策的"10+3"项目,以及后来加入的后备项目,即颐尚、缙云养生天堂;二是必须是有规模、档次、特色、震撼力的项目;三是必须是 2010 年底能够全面建成营运的项目;四是必须是重新调整,制定切实可行的倒计时工作计划的项目。

报批程序:一是企业申请,说明理由并确定第二年的投入强度、建设进度;二是区县三人领导小组审核;三是市领导小组审定并行文明确。

开县温泉古镇

第五部分

"WENQUAN ZHI DU"
NEIWAI YINGXIAO DE JUCUO

"温泉之都"内外营销的举措

第十三章
招商引资——重质采信搭平台

● 好的项目必须招好的开发商，否则就是闲置资源或浪费资源、破坏资源

● 依法将那些"不见动静"或"粗制滥造"的开发商淘汰出局，绝不含糊

● 依靠银行，不依赖银行，多形式、多渠道融资

● 打造旅游、政府、业主、担保、贷款部门"五位一体"的融资平台

⋯⋯⋯⋯⋯⋯⋯⋯⋯⋯⋯⋯⋯⋯⋯⋯⋯⋯⋯⋯⋯⋯⋯⋯⋯⋯

按语：旅游业是一个大投入的产业，"温泉之都"的建设是一项宏大的事业，由此决定了招商引资是重庆温泉旅游发展的重要路径。其统领者旗帜鲜明地提出了在强化温泉项目的策划、整合与推介的基础上，要重质采信精选开发商，创新思路重构融资渠道的大思路。强调引入的开发商不仅要有实力、有信誉、有业绩、有品牌，而且还要有激情；融入开发资金要依靠银行，但不依赖银行；要"守得住资源、耐得住寂寞"，以优质资源寻求优质伙伴。提出了政

府统筹负债建设的新思路,创构了"五位一体"的融资平台,使重庆打造"温泉之都"的历史航船能够乘风破浪、扬帆远航。

招商引资问题贯穿于"温泉之都"项目建设的始终,是一个相当重要的环节。

一、重质采信精选开发商

我们强调,好的温泉项目必须有好的开发商投资建设,否则就是闲置资源,或者浪费资源、破坏资源。温泉资源非常有限,一定要提高项目招商的透明度,既要注重培养本土企业,又要注重引入外地和境外企业。

(一)精选与淘汰

要引进在温泉开发上有资质、有实力、有信誉、有业绩、有品牌、有激情、有后劲的投资商,刺激和带动重庆的温泉

巴南南温泉会所

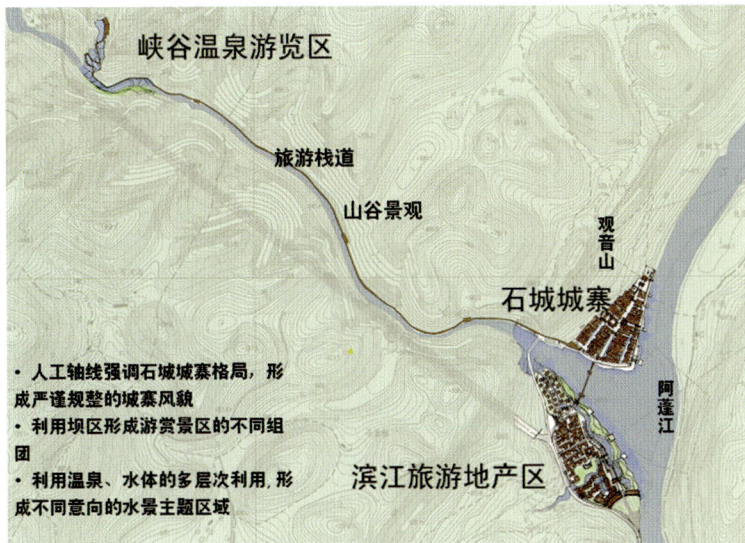

峡谷温泉游览区

旅游栈道

山谷景观

观音山

石城城寨

• 人工轴线强调石城城寨格局，形成严谨规整的城寨风貌
• 利用坝区形成游赏景区的不同组团
• 利用温泉、水体的多层次利用，形成不同意向的水景主题区域

滨江旅游地产区

阿蓬江

黔江石城温泉规划图

旅游产业发展，为本地温泉企业起到示范作用，这是迅速提升我市"温泉之都"整体形象的关键所在。

对以前的温泉招商项目，有必要随时进行清理。采取坚决有效的政府行为和市场行为，依法将那些"不见动静"或"粗制滥造"的开发商淘汰出局，绝不含糊。

(二)营运与投资

各区县在招商引资问题上，一定要"守得住资源、耐得住寂寞"；资源越守到后面越有价值，优秀的开发商可能在不经意中就能找到。招商引资既急不得也等不得。

要由有商业策划资质的专业机构来设计项目的收入模式、管理模式、投融资模式、商业模式。在此基础上，开发商通过合理的人力资源构架来营运，在政府的合理主导下成功投资。

　　"温泉之都"的项目开发需要政府和开发商从市场营运角度，以商业运作的理念去看待市场、资源和产品。

二、依靠银行但不依赖银行

　　对企业而言，一定意义上，资金决定一切，有了资金任何问题都会迎刃而解。"温泉之都"建设领导小组办公室找各个业主沟通了一下，仅2008年"温泉之都"项目建设的净投入就大约在20个亿。从何而来？这是一道难题。我的基本观点是，依靠银行但不依赖银行。

（一）争取银行贷款

　　依靠银行是要以企业的实力和信誉争取银行贷款。当时我提出，由市金融办征询国家银行的意见，邀请对温泉产

巴南东温泉威特卡丝大酒店

业发展有兴趣的银行派代表参加我们的流动现场会。主要是借此机会向银行推介温泉旅游项目。不仅推介"五方十泉",还推介"一圈百泉"。旅游作为朝阳产业,温泉旅游作为整个旅游产业的优秀产品,理应得到国家银行的支持。

(二)寻求合作伙伴

多形式、多渠道融资,在这方面各企业都应有自己的思路和方法。

对企业业主而言,如果即便努了力,仍然感觉到无能为力,就一定不要硬上,而要千方百计用资源以今天换明天。可考虑在市场上寻求合作伙伴。因为你掌握了资源,就能够找到有实力、有业绩、有信誉、有资质的优秀企业来合作。硬拼出来的产品会成为几不象,对此一定要有自知之明,一定要寻求合作伙伴,一定要相信:自己没有资金不等于别人没有资金。既然别人有资金,就应千方百计争取和人家合作,把资金引过来,要舍得把第二次招商项目转让出去。

三、思路突破与平台构建

(一)负债建设与向银行融资——东温泉开发思路

在温泉项目建设过程中,也必然会遇到资金问题。如果等到把资金问题都解决好了,再开始项目建设,可能就干不起来。对于解决温泉项目建设资金问题,我们提出的思路叫做"政府统筹、业主负责、负债建设、综合补偿、滚动开发"。

政府统筹,就是说政府要负责东温泉整个资金的筹

璧山天赐金剑山温泉

措、平台的搭建、环境的营造、资源的配置，把它统筹起来
当成个事来干。

业主负责，符合市场运行规则。

负债建设，就是两手向上、两眼向外，多渠道筹措项目
建设资金，主要是向银行融资。

(二)"五位一体"构建融资平台

我们创新了一个旅游项目融资思路,这就是"五位一体"的融资平台。就是把市级旅游部门、区县政府部门、业主部门、担保部门、贷款部门这五家整合在一起。五部门都有各自的职能职责,把各个部门的职能职责明确出来,共同签订融资协议。

这个思路提出后,银行很感兴趣。我们找一家银行,按照"五位一体"的思路,区县政府部门有财政担保,储备土地;市旅游局对项目实行贷款贴息;担保部门如三峡担保公司对此实行全额担保;业主部门负责向银行申报贷款,由此就弱化了各方面的风险。

第十四章
品牌营销——内外推广育市场

● 品牌是形象,是竞争力,是通行证

● 营销重庆温泉要像营销重庆火锅一样,使泡温泉成为广大重庆市民生活的组成部分

● 营销温泉旅游不仅是营销一种旅游产品,更是要营销一种休闲方式、一种生活态度

● 重点打造名媒、名人、名节三大营销平台,激情营销重庆温泉旅游

按语:从先天的自然资源到成熟的市场产品,宣传和营销是不可或缺的重要环节。重庆温泉旅游产业的发展历程,充分体现了品牌意识、营销意识,将品牌视为"竞争力"和"通行证",始终不渝地强调和重视"温泉之都"品牌的塑造,通过各种媒介、节庆、主题年活动等多种方式,向国内外市场进行强力宣传和营销,不断提高知名度和美誉度,走出了一条从资源开发、产品打造到品牌建设的创新之路。

一、温泉之都的品牌形象与定格

品牌是形象,是竞争力,是通行证。

在"建设五方十泉、打造温泉之都"之初,我就提出"五方十泉"必须借势造势,在全社会形成一种市场品牌效应,打响"温泉之都"的品牌。

(一)"温泉之都"的品牌意义

"温泉之都"的概念是 2005 年市政府工作报告提出来的。从此以后,"温泉之都"就成为全市叫得最响的旅游品牌,几乎每年《政府工作报告》都要提到建设"温泉之都"。由此,"温泉之都"也就成为了重庆旅游最为宝贵、最为重要的财富。这得益于我们对于这一品牌孜孜不倦地追求、打造和提升。从来没有哪一个旅游产业领域能像我们对温泉旅游

江北铁山坪铜锣峡温泉效果图

这个产业一样，这么用心、用情、用力。

世界上温泉旅游地不少，但被称为"温泉之都"尚不多见。"温泉之都"品牌有着非比寻常的含金量。我们一定要利用多种宣传工具和宣传形式，把"建设五方十泉、打造温泉之都"的名声打出去，把形象树起来，吸引更多的市场主体，为"温泉之都"打造建功立业，早日把重庆建设成国内外知名的温泉旅游目的地。

（二）"温泉之都"的品牌定格

申报中国的"温泉之都"为确立重庆"温泉之都"品牌定格。

严格地说，目前重庆还并没有完全达到中国"温泉之都"的标准。但是我们自加压力，明确提出2010年要千方百计申报，并且得到国家权威部门的批准。重庆市国土房管局

巴南阳光温泉度假村

九龙坡贝迪颐园

2009年即着手筹备启动向国土资源部或者是中国矿业协会申报"中国温泉之都",力争尽早申报成功。

　　重庆温泉旅游有支撑产品、支持体系、资源优势,申报中国"温泉之都"的条件已基本具备,时机已基本成熟。一是有一批具有市场美誉度和影响力的温泉旅游支撑产品。二是有一个包括战略研究、资源普查、规划制定、开发建设、政策优惠、法规完善、项目推介、产业聚集、设施配套、市场营销的支持体系。三是有得天独厚的集地热、生态、气候,特别是文化于一体且共同发挥作用的温泉旅游资源优势。

　　因此,我们不失时机地申报"温泉之都",强势拥有这一品牌。急于把这块牌子拿下,就是要把这个牌子高高举起来。在下一步温泉旅游的宣传营销中,要高举起一面旗帜:"重庆——中国温泉之都"。

二、"温泉之都"的品牌整合与传播

　　总体而言,"温泉之都"品牌整合与传播的重点包括:进

璧山金剑山温泉

行"温泉之都"的整体营销策划;围绕打造"温泉之都"展开建立品牌、深化品牌和推广品牌的相关工作。

(一)建立品牌

1. 树立"温泉之都"的品牌形象体系

对外展示形象,对内拉动发展,要用科学发展观来指导温泉旅游,走可持续发展之路。

"温泉之都"作为重庆的温泉品牌,是步入市场的通行证。要高投入打造品牌,强力度呵护品牌,最有效利用品牌,共享品牌效应。因此,我要求市旅游局要策划开展"温泉之都"品牌的创建活动。

2. 打造"东南西北中"各路温泉各自的品牌

在打造重庆"温泉之都"品牌的同时,从产品层面上,打造"东南西北中"各路温泉各自的品牌,形成互为支撑的差异化品牌体系。

可由市国土房管局会同市旅游局策划一批温泉名镇、

温泉 A 级景区、温泉星级酒店。例如,统景温泉应该说是名副其实的泉世界,得天独厚的水量、水温和水质在重庆独有,全国少有,要敢于挑战国内温泉市场上任何一个温泉,要下决心通过两年努力打造统景温泉小镇,创造大大小小、林林总总、不同特色的温泉,形成一个大的温泉镇。

3. 树立重庆温泉品牌的品质形象

把"生态化、精致化、智能化、人性化、标准化"作为重庆温泉品质的基本要求。这"五化"中,最基本的是"生态化",最难做到的是"精致化"。

4. 及时注册"温泉之都"商标、域名保护无形资产。

(二)推广品牌

1. 三大平台

重点打造名媒宣传营销品牌、名人宣传营销品牌、名节

璧山天赐金剑山温泉

宣传营销品牌这三大平台。只有这三大平台建立起来以后，才能实现激情营销重庆温泉旅游。

2. 营销活动

市旅游局应精心策划，发挥品牌效应，营造市场氛围，特别要开展一系列的营销活动如开展"温泉旅游主题年"活动，进行全方位的推介。通过这些活动，让了解或不了解重庆温泉旅游的人时时处处都能感受到"中国温泉之都"强大的冲击力，提高重庆温泉旅游的知名度和认知度，大幅度提高客流量。

3. 电媒推介

我特别看重重庆电视台或者重庆有关媒体推出的泡遍"五方十泉"专题的节目和报告。争取重庆电视台用黄金时间来推介温泉。可在泡遍"五方十泉"系列节目中，一次节目推出一个温泉，时长10分钟或者十几分钟，由电视台组织人泡温泉。同时，制作一个十多分钟的"五方十泉"专题片，在中央、重庆或其他电视台播放，把每个温泉用导游组织的形式进行推介，反复播放，推出亮点。

4. 自我推介

项目业主应有自我推介意识，卖点是什么？怎么样才能卖得好？卖的是一种氛围。也要有包容的情怀，不要怕别人做得好，包容也是一种氛围。项目业主之间要多交流、多沟通，相互促进和提高。

5. 摈弃"三气"

要加大营销推广投入，政府要投，企业也要投。在投入问题上，不能太小气，也不能太土气，更不能太俗气。要摈弃

2010重庆"温泉旅游主题年"万人同泡"五方十泉"启动仪式

这"三气"。

(三)深化品牌

营造温泉旅游的文化氛围。文化是温泉旅游的灵魂,温泉文化的差异性,在很大程度上决定了温泉旅游的吸引力。

通过各类宣传活动、文化活动、学术交流活动,促进重庆温泉旅游文化建设;通过一系列的温泉旅游文化活动,传播重庆"温泉之都"形象及温泉文化;定期举办高端温泉论坛,如举办"重庆国际温泉产业峰会"、创办《温泉旅游》杂志等。

重庆温泉文化底蕴深厚,涉及到营销的内涵和外延,在温泉文化营销上,可仿照重庆市旅游宣传营销"十个一"的模式,推出重庆温泉旅游营销的"X个一"。

三、"温泉之都"的产品营销与理念

在温泉旅游蓬勃发展、方兴未艾的热潮中,重庆"温泉之都"怎么才能实现其价值?我认为首先要让"温泉之都"进入市场，成为产品，然后通过产品的宣传营销，才能实现其价值。

把"浪漫的温泉之都"作为重庆六大旅游精品之一，切实加大宣传营销力度。重庆旅游经过重新洗牌，现已隆重推出了六大精品，即"壮丽的长江三峡、精美的大足石刻、多彩的山水都市、浪漫的温泉之都、俊秀的乌江画廊、神奇的天生三硚"。

重庆温泉产业的卖点在"五方十泉"。而打造"温泉之都"必须推出一批具有震撼力和美誉度的温泉产品。"五方十泉"正逢其时，堪担重任。"五方十泉"应勇于担当领跑人，带动"一圈百泉"、"两翼多泉"共同发展、共同进步。目前来看，效益最好的就是贝迪颐园温泉项目。2009 年，该项目实现销售收入 7000 多万元，2010 年达到 1 个亿。业主计划近两三年内实现每年净增 2000 万元销售收入的目标。

北碚国旅颐尚温泉露天泡脚池

进入 21 世纪,人们的生活方式、思想观念、行为模式都在迅速发生改变。能否跟上时代节奏、能否满足游客消费需求、能否贴合转变步伐,必须把温泉旅游定位为一种旅游产品、一种休闲方式、一种生活态度。因此,走在重庆温泉产业前沿的"五方十泉"应该全面体现出这"三个一"。

四、"温泉之都"的市场培育与推广

我们当初的温泉旅游产品之所以价值不高,一方面是市场培育有差距;另一方面是市场营销有差距。市场的培育与市场的营销紧密相连。应该说,重庆温泉旅游宣传、营销意识不强、手段单一、创新不够,特别是联动营销缺乏活力是普遍存在的。

一是培育温泉旅游市场。营销不是为了营销而营销,还要培育市场,这是最大的营销。

温泉旅游产业要以市场发展为优先战略。只有看到市场具有无限商机,投资者才会加大投资力度,重视经营品质;只有让市场良性循环,温泉产业才会蒸蒸日上。我们营销重庆温泉旅游要像营销重庆火锅一样,让每一个人喜欢泡温泉,使温泉深入人心,走入千家万户。"温泉之都"只靠游客泡温泉,是无法做大做强的。只有当泡温泉成为广大重庆市民生活的组成部分,市场这块蛋糕才算是真正做大了。

二是实施温泉旅游主题年"三百"工程。

近年来,重庆每年推出一个主题年活动,每一个主题年都提出了"招商 100 亿、开工 100 个项目、开展 100 项活动"的"三百"工程。"三百"工程是 2010 年"温泉旅游主题年"的

主线,要围绕这个主线来推进"温泉之都"的市场培育与推广工作。

三是举办温泉旅游节庆活动。分三个层面:市级、区县级和企业。

这三个层面,都要精心策划,分别推出为广大温泉旅游爱好者喜闻乐见的丰富多彩的节庆活动。比如市级层面,我建议要重点推出泡遍"五方十泉"的"温泉旅游季"活动。市旅游局、市温泉旅游协会设计一个凭证,发给广大市民,让其到每个温泉泡了之后,就盖上一个章,凭章由市旅游局给予一定的奖励。如能在一个季度泡遍重庆的温泉,争取报销其1/3直至全部门票。同时,我们还要充分利用节庆活动品牌,大力度实施"一圈百泉"、"两翼多泉"的招商推介和营销推广。

附一 重庆市人民政府办公厅关于加快"五方十泉"建设 打造"温泉之都"的意见(渝办发〔2006〕221号)

各区县(自治县、市)人民政府,市政府有关部门:

根据《重庆市国民经济和社会发展第十一个五年规划旅游业发展重点专项规划》和我市打造"温泉之都"的战略思路和战略目标,现就加快"五方十泉"建设、打造"温泉之都"提出如下意见。

一、加快温泉旅游发展,打造"温泉之都"

温泉旅游是现代旅游新的发展方向之一。近年来,温泉旅游在我国迅速发展,日益成为大众化的旅游新潮流和新亮点。我市温泉资源储量丰富、品质优良、类型多样、点多面广,具有巨大的开发潜力和广阔的市场前景。加快温泉旅游发展步伐,着力打造重庆"温泉之都",对于充分发挥我市温泉旅游资源优势、做强温泉旅游产业、做大旅游经济总量、提升"重庆旅游目的地"整体形象,把旅游产业培育成为我市新兴支柱产业,具有十分重要的战略意义。

二、科学规划布局,高水平、高起点建设

根据我市温泉资源的分布状况和市场格局,都市温泉按东、西、南、北、中划分为"五方",即东温泉、西温泉、南温泉、北温泉和中温泉。在每方温泉中,初步规划2个温泉旅游重点项目纳入市级重点项目进行管理,即东温泉的东泉和东方温泉大世界;西温泉的天赐温泉和金剑山温泉、贝迪温泉;南温泉的南泉和保利温泉别墅;北温泉的统景温泉和北泉;中温泉的梨树湾温泉和海棠晓月温泉,简称"五方十泉"。首批"五方十泉"重点项目今年内必须开工建设,确保一年初见成效、二年显见成效、三年大见成效。市政府对"五方十泉"重点项目实行定期考核、动态管理、优进劣出制度。

"五方十泉"项目建设要按照"高水平规划、高起点建设、高效率管理"的要求,突出特色,提升档次。核心景区要努力达到国家 5A 级旅游区标准,为打造我市"温泉之都"发挥示范和带头作用。

三、明确战略思路,把握工作重点

加快"五方十泉"建设、打造重庆"温泉之都"的战略措施和重点工作是:战略研究、资源普查、规划制定、项目带动、政策支撑、法规完善、项目推介、产业聚集、设施配套、品牌培育等10个方面。

(一)战略研究

对我市加快"五方十泉"建设、打造"温泉之都"的战略定位、战略目标、战略构想、发展思路等进行研究。

(二)资源普查

加强政府对地热资源的宏观调控,科学、有序地进行温泉资源勘探,建立全市温泉资源合理开发利用的管理体制。

(三)规划制定

在充分调查研究、资源普查的基础上,制定科学的建设"五方十泉"、打造"温泉之都"规划,指导工作。

(四)项目带动

将"五方十泉"列入市级重大项目进行管理和推进,以温泉旅游大项目为载体,打造重庆"温泉之都"。

(五)政策支撑

制定一系列优惠政策措施,鼓励支持"五方十泉"重点项目建设。

(六)法规完善

建立、健全建设"五方十泉"、打造"温泉之都"的相关制度的技术规范,指导全市温泉旅游产业健康有序发展。

(七)项目推介

着力做好温泉旅游项目包装和策划，支持各区县和项目业主采取多种形式招商引资。

(八)产业聚集

大力发展温泉旅游相关产业，形成产业聚集。

(九)设施配套

以交通为重点，努力健全完善温泉旅游项目相关的水、电、气、通讯等公共配套设施。

(十)品牌培育

实施品牌经营发展战略，高度重视"五方十泉"、"温泉之都"旅游品牌的培育和开发。

四、加大政策支持力度，强力推进"五方十泉"建设

(一)温泉资源的勘探与开发

1."五方十泉"温泉开发项目，减半征收采矿权有偿使用费和矿产资源补偿费。

2."五方十泉"温泉开发项目的采矿权证按最高年限 5 年办理，采矿权出让期限与土地使用期限一致。

3.在温泉资源开发中积极采用新技术，经审核，有利于资源保护和综合利用的温泉开发企业，可免收或减半征收地热矿产资源补偿费。

(二)土地供应

1.对"五方十泉"温泉开发项目在项目开发建设或扩建时，优先供应周边土地使用权和采矿权，促使其做大做强。

2.经勘察，有温泉资源的地块，优先作为温泉旅游项目用地供应，在同等条件下，优先出让给"五方十泉"温泉开发项目企业。

3.国土资源部门对温泉休闲旅游开发项目提供优质高效服务，在办证、土地供应等方面加快办理速度。

(三)项目管理

"五方十泉"温泉开发项目按市级重点项目进行管理和推进。

(四)税费征收

1."五方十泉"温泉开发项目企业可享受重庆市实施西部大开发的相关税收优惠

政策,所得税按 15%征收。

2.凡年缴纳税收 1000 万元以上的"五方十泉"温泉开发项目企业,可通过安排市旅游结构调整资金实施以奖代补。

3."五方十泉"温泉开发项目所涉及的温泉公建部分,经审批,市、区两级土地出让金、配套费全部实行先征后返的政策。

4."五方十泉"温泉开发项目,减半征收地热资源税。

(五)金融支持

1."五方十泉"温泉开发项目企业可以在充分利用现有贷款融资模式的基础上,积极探索融资模式的创新。除贷款融资方式外,可以结合温泉旅游行业和自身企业的具体情况,积极探索使用各种行之有效的直接融资方式。各融资机构、担保公司和其他中介机构应积极支持温泉企业融资和贷款。

2. "五方十泉"温泉开发属三峡库区的项目企业,均可申请三峡库区产业发展基金和移民后期扶持基金。

五、推行标准化管理,提升温泉旅游水平

参考国内外温泉建设管理先进经验,研究制定我市温泉建设、管理、服务、质量等标准规范,实行标准化管理。加强与国际国内温泉旅游教育机构的联系与合作,加快人才培养,提高我市温泉旅游质量,提升温泉旅游水平。

六、加强组织领导,切实强化工作职责

市政府决定,将"重庆市温泉旅游业发展规划领导小组"调整为"重庆市'温泉之都'建设领导小组",负责全市"温泉之都"建设的组织领导和统筹协调,指导、检查、督促本意见的实施,审定温泉旅游重点项目的开发建设规划。"领导小组"下设办公室(设在市旅游局),负责领导小组日常工作。

"五方十泉"项目所在区县要加强领导,主要领导和分管领导要具体抓、负总责。各区县要根据市政府确定的 10 条战略措施,制定支持温泉旅游项目的具体实施方案,采取一事一议、一泉一策、特事快办的措施办法,加大工作力度,为打造"五方十泉"提供坚实的组织保障。

七、强化协调配合,共同打造"温泉之都"

市级有关部门要各司其职,加强沟通,密切协作,共同推进"五方十泉"建设。市旅游局、市发展改革委、市财政局、市国土房管局、市规划局、市交委、市卫生局、市环保局、市园林局、市地质矿产勘察开发局等相关部门要按照职责分工，制定相应工作方案，提出具体工作措施，出台相应的优惠政策，共同推进"五方十泉"建设，打造"温泉之都"。

八、切实加大宣传力度，营造"温泉之都"的浓厚氛围

市级广电、文化、宣传、旅游等部门以及"五方十泉"温泉开发项目，要充分利用各种新闻媒介，结合旅游招商、推介，加大对"五方十泉"、"温泉之都"的宣传力度，树立形象，塑造品牌，为全市温泉旅游发展营造良好的舆论氛围。

二〇〇六年九月十八日

附二 重庆市地热资源地质勘察报告(摘要)

一、重庆地热资源勘察概况

1975～1977年,完成1∶20万重庆市区域水文地质调查,同时完成重庆市南温泉地热水勘察(就热打热勘察,完成了5个勘探孔,编写了地热水勘察简报);

1984～1986年完成了1∶1万重庆市小泉宾馆地热水勘察(完成了5个勘探孔,观测孔12个,做了多孔抽水试验);

1999～2001年在"就热打热"的形势下先后在重庆市主城区进行了小范围的调查、勘察及单井评价(共成井17个);

2002～2009年在海棠晓月第一眼深钻井勘探成功后,掀起了地热资源勘察的热潮,在短短的8年时间钻探成功了30眼热水深井和4眼热水浅井,以每年4眼多热水井的速度开发。

到2009年底,成功钻井51眼,累计钻探进尺62066m,详查面积412.6km,占申报面积的31.7%,而且大部分热水井都进行了单井评价,并进行了储量核查与备案。

二、重庆区域地质环境条件

1.水文地质特征

根据市域内各地层的岩性特征和地下水的理化特征,从广泛意义的分类上讲主要有一般地下水和地热水两个类型。其中,重庆主城九区范围内地热水均赋存于三叠系嘉陵江组和雷口坡组热储层中,由裸露于地表的灰岩、白云质灰岩接受大气降水的补给,经远距离径流和深循环在河谷横切背斜轴部的峡谷地带以天然温泉或在翼部人工钻井以人工温泉的形式排泄出地表。

地热水成因主要以大气降水溶滤为主,兼有"古封存"水混合,经深部循环加热而成。按地热水的水质特征,可分为SO_4型和Cl型两类,矿化度前者1～3g/l,后者5～120g/l。从水温上看,天然状态下的温泉一般在35～45℃,最高可达63.5℃。勘探浅井(深度小于1000m)揭露的地热水可明显高于地表温泉。地热水中通常含有对人体有益的多种微量元素,适宜温泉旅游、医疗保健、热供水及其他用途。

2.地热水分布及其特征

申报区范围内主要涉及8个热储构造(16个"地热田"),地热水资源出露形式有天然温泉和人工揭露温泉两类。

(1)天然温泉

区内天然温泉主要分布于嘉陵江、花溪河、箭滩河、五布河、御临河等江河横切热储构造的两侧,有温塘峡背斜的北温泉、青木关温泉;铜锣峡背斜的统景及铜锣峡温泉;南温泉背斜的南泉、小泉及桥口坝温泉,桃子荡背斜的东温泉,明月峡背斜的御临河温泉等天然温泉21处(含硐中温泉11处)。出露形式以泉群为主,水温25～46℃,流量86～3700m³/d,水质多为SO_4-Ca型,少数为SO_4-Ca·Mg型。

(2)人工揭露(钻井)温泉

人工揭露温泉(钻井),根据钻井的深度又将其分为深钻井和浅钻井(＜1000m的为浅钻井;＞1000m的为深钻井)两类温泉。目前在重庆主城九区内以勘探地热水资源为目的成功地热钻井共计51个,其中浅钻井温泉21个,水温36～53℃,流量400～6000m³/d;深钻井温泉30个,水温34～63.5℃,流量300～7256m³/d。水质类型多属SO_4-Ca型。

三、地热资源计算与评价

1.地热资源储存量

地热资源储存量是指在现有的开采技术和经济条件下经过勘察已经查明的地热资源量。从计算结果来看,区内1300km²范围的热储存总量为$1.6344×10^{17}$kJ,折成标煤55.78亿吨;热流体储存总量为$4.0499×10^{10}$m³(即404.99亿米³),折成标煤1.69亿吨,可减排3.89亿吨CO_2。申报区地热资源相当丰富。

2.地热资源可开采量

通过开采率法和开采试验法与类比法对工作区地热资源可开采量进行了计算,计算结果地热资源年可开采量分别为1.62×10^8m³/a、1.67×10^8m³/a。

开采率法尽管热储层所储存的全部地热水总量偏低,已开采利用量是实际测得的,但设定开采利用率是没有充分依据,开采利用率提得过高,无疑会产生不良后果,开采利用率提得过低,不能在现有的开采技术经济条件下发挥最大效益。

开采试验法是采用枯季抽(放)水试验成果,按照自流井水头降至井口,抽水井枯季最大降深的1.75倍所推算出的涌水量作为各单井的可开采量,是有理论根据的,并且在平水期、丰水期会得到更多的补给,开采试验法与类比法确定地热资源可开采量进行规划是有保障的。因此,本次勘察推荐开采试验法与类比法所计算结果1.67×10^8m³/a作为区内地热资源年可开采量,是有相当可靠的保障程度。

3.地热资源允许开采量的确定及评价

按各单井枯季抽(放)水试验的涌水量作为各单井的允许开采量,然后叠加得到工作区的允许开采量,最后汇总得到工作区地热资源的允许开采量。重庆市主城九区内3个天然温泉、8个硐中温泉、21个浅钻井、30个深钻井均属于稳定型开采,抽水试验以枯季涌水量作为确定允许开采量的依据,其最大降深也在允许范围之内,显然所确定允许开采量偏于保守,但保证程度相当高。

地热水允许开采量汇总表

温泉类型	总数(个)	推荐量(m³/d)	核定井数(个)	核定量(m³/d)
天然温泉	3	4528	/	/
硐中温泉	8	10197	/	/
浅 钻 井	21	26962	18	24562
深 钻 井	30	40910	22	35660
合　　计	62	82597	40	60222

注:温泉总数72个,其中有7个温泉和3个硐中温泉因位置低等原因不便利用。

四、地热资源的开发利用

1.地热资源的开发利用现状

区内共有温泉井72个,开发利用34个,年利用量1.05252×10^7m³,占热水总量的

0.026%,占可开采量的6.31%,利用热流体热量$7.19×10^9$kJ/d,折成标煤250t/d,减排$CO_2$575t/d,相应热能83.21MW。

2.天然温泉开发利用现状

工作区原有温泉21个,其中天然温泉10个,主要分布于河流岸边或河床中,本次调查有3个天然温泉在开发利用,用于休闲、洗浴和养殖,利用量为4528m^3/d;硐中温泉11个,主要分布于煤硐、隧硐,目前开发利用的3个,利用量2207m^3/d,温度25～32℃,主要用于养殖和农业灌溉。

3.地热水开发利用现状

区内现有热水井51个,其中浅钻井21个,已开发利用16个,分布于温塘峡、南温泉、铜锣峡、桃子荡等背斜轴部或倾没端,日均利用量为11101m^3;深钻井30个,除丰盛场和桃子荡两背斜无分布外,其他背斜均有分布,目前利用深钻井12个,日均利用量为11000m^3。

4.地热资源的开发潜力评价

区内地热资源丰富,仅目前优先(重点)开发区沥鼻峡、南温泉等8大高隆起背斜热储构造的区境内的地热资源储存量(区外补给除外)为$4.05×10^{10}m^3$,可开采量为$1.67×10^8m^3$,而目前的年均开发利用量为$1.05×10^7m^3$,仅占总资源量的0.026%,占可开采量的6.31%。除此之外,区内还分布有龙王洞高隆起背斜热储构造有远景开发利用条件的地区和资源远景勘察的地区,通过整桩勘察、分步实施、合理开发、科学管理,为全面建造中国温泉之都提供资源依据和保障。因此,区内地热资源的开发潜力很大。

五、地热资源开发规划布局与保护

1.地热资源开发规划布局

重庆市"五方十泉"已基本建成并投入使用,现已着力推进重庆市"一圈百泉"和全面启动"两翼多泉"的建设。

布局原则:(1)市场导向原则;(2)资源整合原则;(3)差异化和特色化原则。

目标是:用3年时间,实现三大目标:一是投入目标,三年投入300亿元,每年投入100亿元;二是产出目标,三年内,有一定规模效应的温泉项目达到50个,温泉旅游人次突破1500万,总收入突破50亿元;三是品牌目标,今年成功申报中国温泉之都,三年内,达到国家级的评定标准的特色小镇4个,五星级温泉旅游酒店3个,4A级温泉旅游景区5个。

开发规划布局是：在基本建成的"五方十泉"的基础上，紧紧抓住山水都市特色，依托都市文化、历史陪都文化、景区温泉，重点打造山水类产品（南山、歌乐山、两江游）、抗战红岩文化基地（渣滓洞、白公馆、红岩村）、都市休闲场所（解放碑、朝天门、人民大礼堂）、古城风光（磁器口、洪崖洞、湖广会馆）。精心筹划一批温泉名泉、温泉4A级景区以及温泉星级酒店。加快建设东温泉鲜花温泉小镇、南温泉历史文化温泉小镇、北温泉自然人文休闲小镇、统景生态度假疗养温泉小镇。

（1）东温泉鲜花温泉小镇。以乡情民俗为特色，结合秀美的山水风光，以民俗风情裸浴与天然桑拿热洞（东泉热洞奇观，世之自然瑰宝）为最大亮点，突出四季鲜花的景观特色和渝南民居主题建筑风格，打造最具重庆乡土风情的鲜花温泉小镇，成为重庆市温泉旅游产业集群和温泉地热资源综合开发利用的示范。

根据东温泉现有的温泉旅游产业基础以及未来发展的前景，结合温泉资源和市场需求预测，除了已经基本建成的5个"五方十泉"项目之外，布局开发2～3个大项目，20～30个中小型特色项目，使温泉旅游项目总数达到30个左右，温泉旅游日接待能力达到10000人次以上，年温泉旅游接待人次达到150万以上。

（2）南温泉历史文化温泉小镇。南温泉作为历史悠久的温泉景区，目前已建成南温泉公园、阳光温泉度假村、南温泉公园99号酒店、小泉宾馆等温泉接待设施。为进一步提升景区的整体形象，巴南区委、区政府成功引进了圣达特美国豪生国际酒店集团、中国台湾李国鼎科技发展基金、重庆聚富房地产开发公司三家联合体，将投入25亿元人民币打造南温泉国际温泉城，建设高档住宅、健身、休闲、娱乐、度假等为一体的重庆"城中花园"；还引进了保利集团建设重庆顶级温泉别墅区，重树历史名泉的"金招牌"。

布局范围从南泉西大门炒油场开始，沿花溪河东上，直到虎啸口东大门，以花溪河为景观主轴，建设十里温泉峡谷。除了已经基本建成的南温泉疗养院、阳光温泉度假村、南温泉99号、南泉美庐、汤山别院等项目之外，布局开发20个左右项目，其中包括10个左右中小型特色项目。

（3）北温泉自然人文休闲小镇。北温泉是重庆温泉开发和温泉文化历史的源头。根据现目前的区位交通优势、得天独厚的历史人文积淀以及缙云山、嘉陵江小三峡等秀美山川，打造"十里温泉城"。

总体布局以柏联SPA温泉为龙头，以运河村为主体，以缙云山生态资源和佛教、道教养生文化为基础，结合金刚碑古镇和北温泉的名人文化，构建以"养生"为核心内涵的温泉旅游文化。除了已经基本建成的柏联SPA、康乐温泉度假村、莱特大酒店等项目之外,布局开发10～20个温泉旅游特色项目。

（4）统景生态度假疗养温泉小镇。以统景温泉资源、自然景观环境和景区整体氛围进行打造,以资源效益最大化为原则,兼顾温泉地居民的发展要求,将统景规划发展为一个以生态度假、温泉疗养为特色的"生态度假温泉小镇"。除了已经基本建成的"泉世界"项目外,布局开发10～20个中小型特色项目。

2.地热资源开发保护

地热资源是一种清洁、宝贵的地下矿产资源,在开发利用过程中,应坚持"依法开采,规范管理"、"开发与保护并重,开源与节流并举"、"资源保护型开发、资源节约型经营、环境友好型消费"等原则,以确保工作区地热资源的可持续利用和相关产业安全、有序、健康、快速发展。具体保护措施如下:

（1）建立管理机构

申报区应建立专门的地热资源管理机构,坚持"统一规划、统一管理、统一开采、统一供应、有偿使用"的原则,负责全区地热资源的规划、开发、管理和监督工作,明确必须按照国家有关的法律法规开发利用地热资源,做到"先规划,后开采"。

（2）加强开采动态监测

对已开发的和已投入建设的片区应及时建立开采动态系统,对地热水开采动态进行长期监测,系统掌握开采变化引起的水位、水温、水质变化,为地热资源评价和开发管理提供可靠依据。

对新开发的片区应依据当地的地热资源条件确定可能的开发规模,控制开采量,制定合理的消耗定额,严禁过量开采,做到科学利用,节约利用地热资源,为可持续性开发利用打下基础。

（3）加强环境保护

随着地热资源开发利用规模的加大，地热尾水对周围环境的影响应加强监测评价,处理不达标应采取相应措施。

六、结论与建议

1.结论

●工作区地热资源为沉积岩碳酸盐岩溶隙—裂隙型。开采利用面积为1300km²,开采利用方式以井采为主,以温泉自流为辅。在温泉出露区均设立了1.0km²左右的温泉保护区;在井采区均未出现超采现象,目前总的开发利用量为$1.05252 \times 10^7 m^3/a$,可采热流体量为$1.6688 \times 10^8 m^3/a$,开采总量仅占可采热流体量的6.31%。

● 本区热储层主要为下三叠统嘉陵江组二段(T_1j_2),其次为下三叠统嘉陵江组三段(T_1j_3)、四段(T_1j_4)、三叠系中统雷口坡组(T_2L)、下三叠统嘉陵江组一段(T_1j_1);热储盖层由上三叠统须家河组(T_3xj)碎屑岩层(第一盖层厚375~425m左右)及侏罗系(J)红色砂、泥岩地层(第二盖层厚大于1000m)共同组成;热储下部隔水岩层主要由下三叠统飞仙关组(T_1f)碎屑岩夹碳酸盐岩地层组成,厚度大于500m(区内仅部分地段出露)。

● 采用热储法计算地热资源储存量。重庆主城九区储存总量为$1.6344 \times 10^{17}kJ$,折成标准煤$5.578 \times 10^9 t$;热流体储存总量为$4.05 \times 10^{10} m^3$,热储温度平均值为79.5℃,相应热量为$4.96 \times 10^{15}kJ$,折成标准煤$1.69 \times 10^8 t$。

● 采用开采率法和开采试验法、类比法计算可开采量,以开采试验法、类比法计算结果保证程度最高。重庆市主城九区地热资源年可开采量为$1.6688 \times 10^8 m^3$,平均温度46.5℃,相应热量为$2.004 \times 10^{13}kJ$,相应热能为635.78MW,折成标准煤$6.84 \times 10^5 t$。

● 主城九区现有各类温泉点72个,总利用量$2.8836 \times 10^4 m^3/d$,其中天然温泉10个,利用3个,利用量4528m^3/d;洞中泉11个,利用3个,利用量2207m^3/d;浅钻井23个,利用16个,利用量11101m^3/d;深钻井30个,利用12个,利用量11000m^3/d。井口水温为34~63.5℃,允许开采量为$8.2597 \times 10^4 m^3/d$,经重庆市国土资源和房屋管理局备案、登记核定的开采量为$6.0222 \times 10^4 m^3/d$。

● 地热水水质、水温、水位(或水头)、涌水量在年度内或多年动态稳定,含有多种有益人体健康的微量元素,有2~4项组分(氟、锶、镭、硫化氢)含量达到医疗热矿水命名标准,不含有危及人体健康的有害元素或组分。

● 区内现目前年开发利用地热资源量为$1.0525 \times 10^7 m^3$(相应热能为40.50MW),占热流体储存总量的0.026%,占可开采热流体量的6.31%,因而开发利用潜力很大。

● 区内地热水为中性、中矿化、极硬水,水化学类型为SO_4-Ca或$SO_4-Ca \cdot Mg$,矿化度为1458~2998mg/l,含有多种有益于人体健康的微量元素。按国家医疗矿泉水命名标准,主要为含偏硅酸、偏硼酸的氟、锶中矿化低温热矿水,此外,东温泉5井和南温泉民主村井、天赐井为含偏硅酸、偏硼酸的氟、锶、镭中矿化低温热矿水;望江井为含偏硅酸、偏硼酸的氟、锶、硫化氢中矿化低温热矿水;南温泉鹿角井为含偏硅酸、偏硼酸的氟、锶、镭、硫化氢中矿化低温热矿水。

●该热矿水不能作为生活饮用水。使用后的热矿水尾水排放对水环境质量尚有一定影响,须净化处理达标后再排放。

2.建议

●在天然温泉出露区不宜再布置"就热打热"新井,以免产生相互干扰或其他不良地质现象。建议在背斜两翼布置新的热水井开采深层地热水。

●区内地热水因硫酸根的含量较高,对钢结构物(输水钢管等)有较强的腐蚀性。建议采取防腐措施,利用不锈钢管材或塑钢管材作为输水管道为宜。

●地热水易污染洁净卫生瓷器,在输水管道内也容易结垢或腐蚀,应进行处理。

●建议对地热水钻井的使用情况及动态变化(水量、水位、水温及水质)应建立档案。同时每年枯水期(每年2月份)应采集一次水样进行分析化验。

●加强地热资源开发管理和环境保护以及地热水的综合利用。

●调整井群布局,优化资源结构及配置,主要用于医疗及娱乐、采暖、温室种植及养殖,实行梯级开发,综合利用,充分发挥地热水的经济、社会和环境效益,以满足人们对地热水的迫切需求。

●作好统一规划,合理开发,综合利用,依法开采。

●大力推广自动控制、自动监测技术,提高整体开发利用水平。

附三 重庆市温泉旅游发展战略研究(摘要)

一、重庆温泉旅游产业的发展战略

(一)战略目标

1.总体战略目标

重庆温泉旅游产业发展的总体战略目标是:以温泉资源为基础,以创新精神不断发展和持续完善温泉旅游产业链、产业集群和产品体系,以产品建设为核心,以政府主导、企业运作、市场导向、大项目带动和品牌战略为主要战略思路,以温泉旅游为切入点,全面带动重庆旅游业由观光型旅游为主向以休闲型旅游为主转型。用5~15年的时间,首先将重庆打造为温泉旅游产业链完善、温泉旅游产品体系完备、温泉旅游知名品牌云集、温泉旅游城市形象突出的中国"温泉之都",进而发展成为世界知名的"温泉之都"。

2.分期战略目标

近期(2007~2010年)

以实施"五方十泉"为抓手,切实做到"一年初见成效、两年显见成效、三年大见成效",建议重点抓好以下10个环节的工作:

(1)以确保"五方十泉"项目建设高质量完成和经营顺利为中心,上马一批重点项目、精品项目和大项目,形成相对完善的

产业链和产品体系,在资源丰富与区位良好的主城核心区以及在条件合适的温泉小镇和温泉景区,形成产业集群;

(2)完成重庆市温泉旅游产业发展的产业规划和总体规划;

(3)制订温泉旅游产业相关的法律法规和政策;

(4)搞好温泉旅游基础设施建设;

(5)勘察探明温泉地热资源的"家底",进行科学合理的资源规划,建立完善的资源管理体系;

(6)做好"温泉之都"的形象塑造和形象推广工作,在继续扩大和稳固本地市场的同时,大力开拓外地和境外客源市场;

(7)通过温泉文化的建设和传播,培育和引导温泉旅游消费市场;

(8)推动建立温泉旅游行业组织(温泉旅游协会),制订行业规范,加强行业自律;

(9)培养够用的温泉旅游经营管理人才、技术人才和服务人才;

(10)加强温泉水的卫生防疫,确保温泉旅游的安全消费。

经过从2007年到2010年前后3~5年的持续努力,基本实现重庆温泉旅游的产业化。到2010年,实现重庆市温泉旅游年接待量达到或超过1000万人次,温泉旅游年总收入达到30亿元,温泉旅游产业直接就业人数达到2万,基本建立中国"温泉之都"的框架,初步树立中国"温泉之都"的品牌形象。

中远期(2011~2015年)

通过对"五方十泉"项目的持续完善和升华,重庆将形成一批国家级和世界级的温泉旅游精品和企业品牌;通过产业的持续改进、整合与提升,逐步形成完整的区域产业链和多个次区域产业集群,温泉旅游产业日益发展成熟,温泉旅游产品成为重庆旅游的精品和王牌,温泉旅游产业自成体系并成为旅游休闲产业的龙头,温泉文化深入人心,享受温泉旅游渐成重庆市民的一种生活习惯和生活方式。

到2015年,通过温泉旅游接待人次的倍增和持续增长期,预计重庆的温泉旅游接待量将达到2000万人次,温泉旅游总收入达到60亿元,温泉旅游产业直接就业人数达到4万。

届时,重庆将可能发展成为名符其实的世界"温泉之都"。

(二)战略定位

1.战略理念

重庆的温泉旅游产业是带动重庆旅游业由观光型旅游为主向休闲型旅游为主转

型的先导性产业,是重构重庆旅游业格局的新支点,是重庆市旅游业新的经济增长点,从这个意义上说,它是一个启动器、是一个发动机(引擎),一种催化剂。我们认为,重庆市发展温泉旅游产业,建设"温泉之都"战略的核心理念可以概括为:重庆旅游业的新引擎。

2.战略定位

重庆温泉旅游产业的战略定位:世界温泉之都。

温泉之都,既是重庆温泉旅游产业发展的战略定位,又是战略目标。当"温泉之都"的战略定位和品牌形象为世人所接受和认同之日,也就是重庆温泉旅游产业发展的战略目标实现之时。

"温泉之都"是一个包容性极强的概念,它既是重庆温泉旅游产业发展的目标,也是重庆温泉旅游产业的定位——在国内外消费者心目中的定位,以及在中外温泉旅游产业界中的定位。

(三)战略布局

1.总体战略布局

重庆温泉旅游产业发展的战略布局可概括为:

一心两带三大片区

从资源和产业分布的状况分析,重庆的温泉旅游产业恰好也构成与"一圈两翼"社会经济布局相一致的"一心两带"发展态势。基于此,可将重庆的温泉旅游产业在空间上大致划分为三大板块:

诠释:

一心

重庆温泉旅游产业的"一心"概念,是指重庆主城核心区。目前重庆已经开发的大部分温泉地热资源和绝大部分温泉旅游项目,特别是"五方十泉"的项目,都位于这个"一心"之内。

"一心"是打造"温泉之都"的重点区域。"五方十泉"是"一圈"的核心项目群。

两带

渝东北带:指大致沿长江三峡和三峡库区展开的温泉旅游发展带,这一轴线主要依托长江三峡一线丰富的温泉资源,结合长江三峡的旅游资源,发展特色温泉旅游和温泉度假胜地。这一圈的中心节点是万州,项目支撑点目前主要是龙门峡温泉(月亮湾

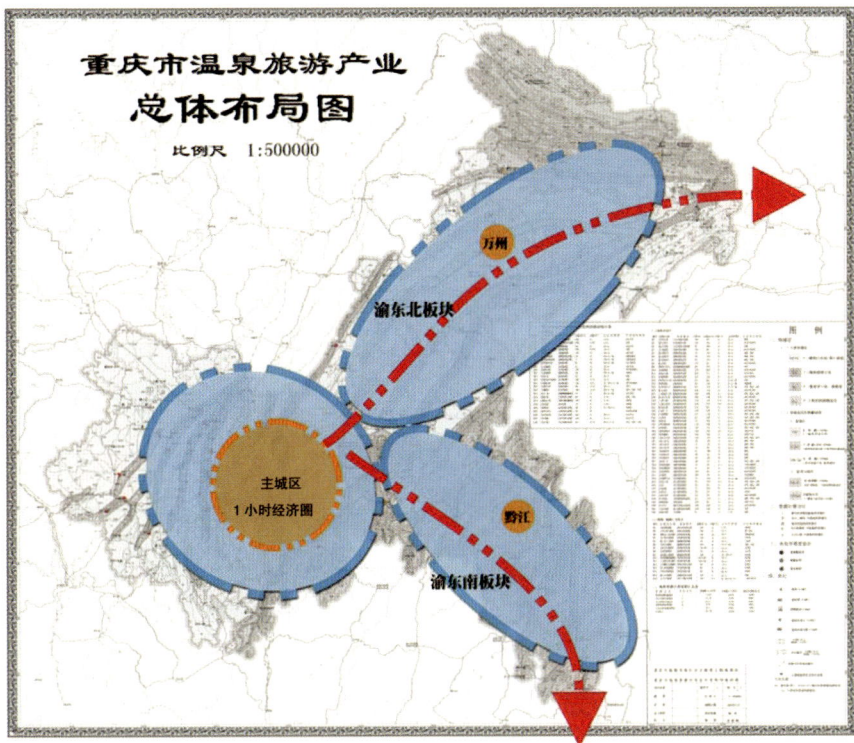

重庆市温泉旅游产业战略布局示意图

温泉）和有待开发的巫山/巫溪一线的温泉资源。

　　渝东南带：指大致沿乌江画廊和渝怀铁路/渝湘公路一线展开的温泉旅游发展带。这一轴线的核心是将温泉旅游和渝东南旅游，尤其是仙女山、乌江画廊、秀山/酉阳的边城民族风情旅游融合起来，使温泉旅游和观光旅游有机结合，构建更加丰富多彩的旅游休闲吸引物。

三大片区

　　三大片区是"一心两带"战略布局的区域划分。整个重庆温泉产业布局分为"1小时经济圈"片区、渝东北片区、渝东南片区三大片区。

　　"1小时经济圈"片区。主城核心区及其辐射带动的"1小时经济圈"是温泉旅游产业集聚区，包括主城区、"1小时经济圈"总共23个区县。

　　渝东北片区（渝东北—长江三峡旅游带板块）。板块与长江三峡旅游线路以及三峡库区基本吻合。这一板块的温泉资源储量极为丰富。目前仅有位于万州区主城附近的月亮湾温泉进行了商业性开发尝试。

以万州为该区域温泉旅游开发的中心节点，逐步将三峡旅游和温泉旅游相结合，特别是重点开发巫溪小三峡一带的氯化物温泉旅游，对于促进三峡旅游和库区经济的发展，进一步增强三峡魅力，必将产生积极作用。

渝东南片区（渝东南—乌江画廊旅游带板块）。在乌江流域和渝东南一线，从涪陵开始沿乌江上行直至渝湘边界，包括武隆、黔江、酉阳、秀山等地，也有丰富的温泉资源，但目前仅有少量的商业性的温泉旅游开发，例如位于武隆乌江边的盐井峡温泉。未来，以武隆和秀山为节点，将温泉旅游开发和渝东南—仙女山—乌江画廊—边城风光等旅游景区以及少数民族风情相结合，也必将成为重庆温泉旅游的一大特色。

2.战略节点

根据三大片区的资源分布特点、区位条件及发展定位，建议主城核心区以"五方十泉"为战略中心，环城扩散带以铜梁、大足、永川、荣昌、江津、綦江、万盛、长寿、涪陵等温泉资源和旅游资源丰富的地区为战略节点，渝东北片区与渝东南片区分别以万州和黔江为区域温泉产业发展的战略节点。

重庆温泉产业战略节点布局表

布局项目　　布局分区	战略节点	发展概要
"1小时经济圈"	五方十泉（主城核心区）	要按照"高水平规划、高起点建设、高效率管理"的要求，突出特色，提升档次。按照国际化水准建设温泉精品项目。
	环城温泉带（铜梁、江津、綦江、长寿、涪陵等）	针对重庆主城市场和外地市场，城区靠城、景区靠景，以区域特色和产品特色立足。
渝东北片区	万州	针对重庆主城和当地客源市场，借势三峡旅游市场，结合库区特色，走温泉与旅游"复合"发展之路。
渝东南片区	黔江	针对重庆主城和当地客源市场，结合秀美山川、民俗特色、民族风情，走特色发展之路。

3.战略重点

在三大分区中，重庆温泉旅游产业发展的战略重点为：主城核心区及"五方十泉"。

重庆温泉旅游产业战略重心示意图

(四)战略步骤

1.空间演绎

重庆温泉旅游产业总体空间步骤为:

方案A:

第一步。以主城核心区为重点,大力建设"五方十泉"项目,以"中心开花"的形式向环城温泉带辐射;

第二步。由西部核心区向渝东北片区、渝东南片区挺进,链动全市温泉旅游产业的整体发展。

方案B:

在重点发展重庆主城核心区的同时,为了促进其他区域的社会经济和旅游经济同步发展,采用重点发展主城区"五方十泉"项目,兼顾其他区域的平衡发展战略。

方案B的核心思想是:将温泉旅游和重庆"十一五"旅游专项规划中确定的四大精品旅游项目,即山水都市旅游、大足石刻、长江三峡、乌江画廊(渝东南旅游)进行全面整合,使重庆旅游具备全国其他地区旅游完全不同的特色——有温泉的旅游。

重庆温泉旅游产业战略空间步骤示意图

建议具体措施是：

（1）在主城区及其周边地区，重点打造"五方十泉"；

（2）在渝西经济走廊，重点开发龙水湖温泉，使之和大足石刻旅游形成联动；

（3）在长江三峡旅游带，重点发展万州月亮湾温泉和三峡/小三峡腹地的巫溪/巫山的温泉，使之与长江三峡旅游有机结合，丰富三峡旅游的产品体系，增加三峡旅游的吸引力；

（4）在乌江画廊和渝东南旅游区，重点发展武隆和秀山两地的温泉，使之与仙女山、乌江画廊和边城民族风情有机融合。

建议后三个区域中确定符合条件的温泉旅游开发项目，同样给予"五方十泉"的同等政策优惠。

2.主要内容（方案A）

目标：使得重庆的温泉旅游产业在全国异军突起，引领发展，实现重庆旅游在全国旅游格局中的破局与重构；重庆温泉旅游产品成为国内一流、国际接轨、温泉精品和温泉名牌扎堆、温泉旅游产业体系宏大、类型丰富的"温泉之都"。

前期：重点突破时期

以重庆主城区为核心,通过"五方十泉"等大项目带动的方式促进温泉旅游核心竞争力、温泉产业增长极的形成;

对于环城扩散带的铜梁/大足、江津、綦江、长寿/涪陵节点,渝东北片区万州、巫山/巫溪节点以及渝东南片区武隆和秀山节点等,采取靠城开发、靠景开发的依托发展模式。

中远期:全面发展时期

通过对主城区温泉旅游产业的发展,上速度、上规模、上档次、上特色,形成温泉旅游产业集群。

环城扩散带的战略节点发育成熟,次要温泉旅游点开发跟进,形成环城温泉旅游产业带。

渝东北片区、渝东南片区的温泉旅游战略节点万州、巫山/巫溪与武隆/秀山以及其他重要温泉资源点,依托城镇与景区,采取"温泉+旅游"、"温泉+生态"、"温泉+民俗"等复合式的模式,实现功能复合化,带动片区温泉旅游产业全面发展。

(五)战略措施

1.战略措施体系

重庆"温泉之都"的打造的战略措施体系,依次包括以下几步:

●建立政府主导战略的组织"中枢";

●加快资源勘探与总规编制,为温泉产业"铺路";

●加强基础建设与政策法规,为温泉产业"奠基";

●构建产业链与产业集群,为温泉产业"聚力";

●引名牌、上好项目,为温泉旅游产业"造梁";

●引导产品开发向特色化、差异化、复合化发展,为温泉旅游产业"塑型";

●构筑温泉项目与产品的文化特色,为温泉产业"铸魂";

●加大温泉旅游对外推广力度,加强温泉旅游知识教育和传播,引导温泉消费文化,为温泉产业"引客";

●加强"温泉之都"品牌整合与传播,为重庆温泉旅游产业"传名"。

上述战略措施9个方面,政府主导的"中枢"起总体控制作用,"铺路"、"奠基"、"聚力"、"造梁"、"塑型"、"铸魂"、"引客"、"传名"等依次承上启下、环环相扣,共铸了重庆温泉旅游产业的完美体系。

上图体系结构不仅反映了重庆温泉旅游产业发展全面而严密的战略措施,还能清晰地分析出其相应的社会、经济、文化效益。如下图所示:

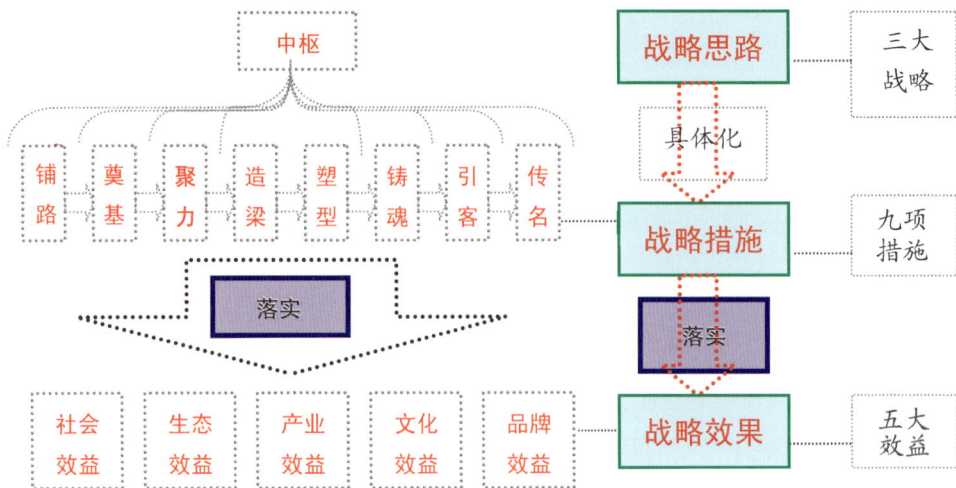

战略措施与战略效果示意图

2.具体战略措施

●建立政府主导战略的组织"中枢"

建议成立 "重庆市温泉旅游产业发展领导小组","重庆市温泉旅游产业发展领导小组"是一个跨部门的专项任务机构,由分管市长牵头,成员由市委宣传部、市旅游局、发改委、规划局、国土局、招商局、文化局、交通局、城乡建委、水利局、环保局等相关部门人员组成,下设 温泉旅游产业规划工作组、温泉旅游产业政策工作组、重庆市温泉旅游产业招商工作组、温泉旅游文化建设工作组、温泉旅游产业营销工作组、专家组和常务办公室。

●推进资源勘探与总规编制,为温泉产业"铺路"

主要由"重庆市温泉旅游产业规划工作组"负责执行。完善资源勘察工作,建立重庆温泉资源数据库;编制《重庆市温泉旅游产业发展规划》;加强市场调研,提供发展依据。

●加强政策法规与基础建设,为温泉产业"奠基"

将《重庆市温泉旅游产业总体规划》政策化;制定相关政策,引导交通、水电气等基础设施建设;加强温泉旅游人力资源的培育与引进。

●建立和完善温泉旅游产业链与产业集群,为温泉旅游产业"聚力"

重庆温泉旅游产业的发展与区域竞争优势的形成,要建立在完整丰富的产业链基础上;重庆的温泉旅游产业要建立强大的产业集群,形成合力和区域竞争优势,才能形成区域竞争优势。形成有相当规模的产业集群,是构建重庆温泉旅游产业整体竞争力的重要策略。

●引进品牌企业、建设精品项目,为温泉产业"造梁"

大力引进外地和境外企业,尤其是有品牌、有资质、有信誉、有业绩、有激情、有后劲的投资商,刺激和带动重庆的温泉旅游产业发展,为重庆本土温泉企业起到示范作用。

●健全和完善温泉旅游产业的产品体系,为温泉旅游产业"塑型"

重庆温泉旅游产业的生存和发展之道是差异化竞争战略。重庆的温泉旅游产业在产品开发上必须走差异化、特色化、复合化、集合化的创新发展道路。重庆温泉旅游产业发展规划的重点,是要通过差异化定位、特色化经营、营造一个互补共赢的市场竞合氛围。要通过区域规划布局来规范和引导重庆市各个温泉旅游区域和各个具体项目主动走特色化、差异化路线。

●构筑温泉项目与产品的文化特色,为温泉产业"铸魂"

加强温泉旅游发展项目的文化特色挖掘。"产品是枝、项目是干、文化才是根!"文化特色是产业竞争力和产品竞争力的关键。文化是温泉旅游产品的核心魅力所在,是构建"温泉之都"的灵魂。重庆要打造中国的"温泉之都",必须做足重庆温泉旅游文化的特色;重庆要打造世界的"温泉之都",必须要做出重庆特色和中国特色。所谓温泉旅游产品的差异化定位、特色化经营,关键在也于对温泉旅游特色文化的发掘和展示。

●加强"温泉之都"品牌整合与传播,为温泉产业"传名"

重点工作内容:

(1)进行"温泉之都"的营销策划;

(2)形成"温泉之都"的品牌形象体系;

(3)在打造重庆"温泉之都"品牌的同时,从产品的层面上,还要打造东西南北中各路温泉各自的品牌,形成差异化又互为支撑的品牌体系;

(4)及时注册"温泉之都"商标,保护无形资产;

(5)通过各类宣传、温泉文化活动、学术交流,促进温泉文化建设;

(6)利用各种媒介向国内外宣传推广,以提高重庆温泉旅游的知名度和认知度,大幅度提高客流量;

(7)通过一系列的温泉旅游文化活动,宣传重庆"温泉之都"与温泉文化。如举办的"重庆市首届温泉旅游季"、"重庆·中国温泉文化旅游节"、"重庆·中国温泉旅游博览会"、"重庆·世界温泉节"、"重庆汤客节"、"重庆·中国温泉音乐节"等;

(8)举办定期高端的温泉论坛,如"重庆·国际温泉产业峰会"、创办《温泉旅游》杂志等;

(9)以2008年奥运会、2010年世博会为契机,做好"温泉之都"的宣传。

● 将"五方十泉"项目建设及配套优惠政策作为引导和促进产业发展的关键战略措施

"五方十泉"项目实行因事制宜、一泉一策、刚性考核、动态管理,不搞"终身制"。要使入围项目真正得到实惠,感受压力,也要吸引更多的优秀项目积极申请进入。"五方十泉"的政策可以运用于促进三峡库区和渝东南地区符合条件的温泉开发项目。

● 打造特色温泉小镇和重点温泉景区,形成点上的产业集聚

近现代世界温泉旅游产业发展的历史表明:温泉小镇(SPA Town)是发展温泉旅游,孕育、创造、传承和传播温泉旅游文化,聚集温泉旅游产品、吸引人气的最佳载体。重庆最有条件打造温泉旅游小镇的地方有两个:一个是南温泉,一个是东温泉。

温泉景区指温泉项目和风景人文资源结合紧密,形成温泉和旅游互动的大规模的温泉旅游项目。桥口坝温泉、统景温泉、金剑山温泉、融汇国际温泉城这样的大型温泉旅游景区的开发,实际上是以温泉为特色的旅游目的地的开发。

● 引入温泉经营认证制度,确保消费者的健康权利

制定相关产业技术和服务标准,凡符合标准规定的,给予"重庆市X星级温泉"或"重庆市旅游局指定旅游温泉"的认定,并发放温泉标章(标牌)和温泉成分/疗效/禁忌症说明表,要求温泉企业挂在温泉设施的显目位置。

实行温泉水质卫生检测标准并严格执行,定期和突击检查。

让重庆的温泉成为中国最卫生安全的温泉。

● 适度发展大众温泉旅游设施

重庆的温泉旅游产业,需要全体市民的参与。在资源丰富和开发条件许可的地方,应该鼓励兴建有一定公益性质的温泉旅游设施,让一部分重庆的温泉旅游产品,成为

老百姓能够消费得起的大众消费，让重庆的温泉旅游产业和温泉文化成为全体市民参与的事业。

在发展大众温泉时，务必确保大众也能够享有基本的温泉配套设施和规范的服务，必需的清洁卫生标准和安全标准。

二、关于"五方十泉"的战略研究

1."温泉之都"与"五方十泉"的关系分析

如果说打造"温泉之都"是重庆发展温泉旅游产业的终极战略目标的话，那么建设"五方十泉"既是打造"温泉之都"的关键战略步骤、核心战略举措和主要路径，又是实现"温泉之都"这个终极目标的阶段性战略目标。

"温泉之都"是一个集合品牌形象，"五方十泉"是支撑"温泉之都"的优势品牌集群、柱网和主梁。

当前，重庆发展温泉旅游产业，打造"温泉之都"已经具备较好的产业基础，面临的主要问题是产业链发展不完善、产业体系不完整、产品层次和类型不丰富，消费市场不成熟，尤其缺乏在国内外叫得响、有影响的品牌项目和品牌企业。解决问题关键就是建设"五方十泉"。

建设"五方十泉"，就是要以"大项目、大投入、大营销"的战略思维为方针，以龙头项目和精品项目为切入点，用3年左右的时间，建成一批有特色、有品位、有影响、有品牌的温泉旅游项目，彻底改变重庆温泉旅游产业的产业结构和产品结构，实现产业转型和产业升级，初步确立重庆温泉旅游产业在全国温泉旅游产业体系中的领先地位以及在全球温泉旅游产业体系中的独特形象。

通过"五方十泉"的建设，重庆的温泉旅游产业将真正成为重庆旅游的一张"王牌"，成为重庆"山水都市游"的核心吸引物，成为重庆创建"中国最佳旅游城市"的关键加分权重。

"五方十泉"建成之日，就是"温泉之都"基本框架确立和"温泉之都"品牌形象初步树立之时。

2."五方十泉"概念的确立依据和具体内涵

从历史文化、资源禀赋、市场环境和产业现状等方面看，"五方十泉"概念的提出有着深厚历史文化内涵和产业发展基础的。

（1）"五方十泉"的历史演进

从历史发展的时间轴线或者时间维度来看，"五方十泉"有着近1600年的发展演进过程。

公元423年温泉寺建寺，在方位上开始有北温泉的概念；明朝万历年间开发南温泉，在方位上又有了南温泉的概念；在民国时期（1935年左右）开始有西温泉的概念；在20世纪80至90年代陆续产生东温泉、桥口坝温泉和统景温泉的概念；在2002年海棠晓月以钻井温泉开发温泉旅游和温泉房地产取得成功之后，逐渐形成了城市中心的温泉即"中温泉"的概念。

2006年9月，在市政府主持召开的统景温泉旅游工作会议上，最终以渝办发〔2006〕221号文件的形式，正式确立了"五方十泉"的概念。

没有重庆独有的这种温泉资源禀赋在城市空间分布上和在温泉历史文化发展演进上的特征，是不可能发展出来"五方十泉"这个概念的。

因此，"五方十泉"不但是中国独有的区域温泉旅游形象概念，也是世界独有的温泉旅游形象概念。

这是一个区隔于其他任何有温泉的城市或地方的独特概念，从这个意义上说，"五方十泉"应该成为重庆旅游产业和温泉文化建设的核心概念，"五方十泉"是具有重庆特色的重庆温泉文化的一部分。

（2）"五方十泉"与重庆山水都市旅游

从"五方十泉"的空间分布看，以"五方十泉"为代表的温泉旅游是重庆山水都市旅游的重要组成部分和主要特色，是重庆城市旅游文化魅力的一部分。

"五方十泉"在重庆主城区及周边地理空间上的均衡分布，正好与重庆其他类型的都市旅游和近郊休闲旅游重叠，从而可以相互组合和串联为许许多多丰富多彩的特色旅游线路。

温泉旅游的本质是休闲旅游，温泉旅游可以整合重庆传统的山水城市观光旅游，使到重庆的旅游由以观光型旅游为主向休闲型为主转型。

因此，"五方十泉"的概念在时间上吻合重庆的温泉文化历史脉络，在空间布局上体现了重庆山水都市旅游在温泉旅游资源分布和旅游产品构成上的特性。

（3）"五方十泉"的具体含义

"五方十泉"的第一层含义，即字面含义就是指重庆主城区及其周边在东、西、南、

北、中五个方向上相对均衡布局的10个左右的温泉"大项目",是重庆的温泉旅游产业在空间上的总体布局中的主体框架;

第二层含义是指"五方十泉"的政策。重庆市人民政府办公厅以渝办发〔2006〕221号文件《关于加快"五方十泉"建设,打造"温泉之都"的意见》,比较系统和具体地确定了建设"五方十泉",打造"温泉之都"的战略目标、战略方针、战略措施,战略步骤,并出台了非常具体和有吸引力的鼓励和支持政策,包括温泉资源勘探开发、土地供应、项目管理、税费征收、金融支持等五个方面。(具体内容详见渝办发〔2006〕221号文件)。

(4)"五方十泉"的战略执行

"五方十泉"的战略形成和战略执行过程,与"十一五"计划的时间大致平行,按照重庆市领导的要求,"五方十泉"的建设,必须做到"一年初见成效、两年显见成效、三年大见成效",具体的建设时间安排大致是:

2006年——战略形成和战略准备;

2007年——战略执行第一年:上半年全部项目开工,年底个别项目建成并试营业。政府、企业界和社会各界大力推进温泉旅游产业发展,建设"五方十泉"的浓烈氛围形成;

2008年——一半以上的项目建成并开业,部分项目达到国内领先、国际一流的水准,重庆的温泉旅游产业开始有了叫得响的产品品牌;

2009年——五方十泉的项目全部建成,由于有了一批精品项目的支撑,"温泉之都"的品牌形象开始成立,大力推广重庆"温泉之都"品牌形象的整合营销传播时机基本成熟。

2010年——重庆温泉旅游产业的产业体系基本完善、产品结构比较合理、温泉产品品牌和企业品牌群星闪耀、以市民的大众消费为基础的温泉旅游时尚消费蔚然成风,有重庆特色的温泉文化基本成型。

在此基础上,"温泉旅游年"确定为2010年重庆旅游的年度主题,一系列全国性和国际性的活动陆续推出和展开,在国内外产生巨大影响,"温泉之都"在全国的品牌形象基本形成,并得到广泛传播和普遍认同。

(5)关于"五方十泉"的定位问题

目前,每一个"五方十泉"的入选项目都非常重视产品的定位和特色化建设,然而,相当一部分项目的定位仍然比较模糊。只有清晰定位的产品,才是特色鲜明、卖点清晰的产品。因此,从项目管理的角度看,为确保"五方十泉"建设的顺利进行和各项目的有序发展、竞争合作,必须要求各项目单位清晰定位。根据我们的了解和研究,目前"五方十泉"相关项目的初步定位情况如下表:

"五方十泉"温泉项目产品定位与特色分析表

方位	序号	业主单位	总投资与建设内容	项目定位与特色	备注
东	1 东温泉组团	3家公司、3个项目	约3亿	定位:民俗温泉小镇 特色:天然温泉桑拿热洞——天下一绝;温泉裸浴民俗	先前已开业,正在改建与整合提升中
	2 桥口坝温泉	重庆新城开发建设有限公司	约3亿	定位:时尚健康之泉 特色:医疗疗养型、养生型、运动健康型温泉	目前为三星级温泉宾馆
南	3 南温泉	重庆绿谷开发有限公司	总投资10亿;占地1.78平方公里	定位:历史文化之泉 特色:以温泉文化、生态园林温泉和温泉街为特色的温泉小镇	核心项目温泉会所正在设计中
	4 保利小泉	重庆保利小泉实业有限公司	总投资约7500万元;建设高档温泉度假别墅、商务会所、娱乐设施	定位:会员制温泉会所 特色:会员制国际温泉SPA会所和生态森林温泉	规划设计中
西	5 天赐温泉 金剑山温泉	重庆金谷集团	金剑山温泉规划:三、四、五星级酒店各一个;仿古温泉街;温泉别墅群,商务会所、娱乐设施;总投资号称13亿	天赐温泉定位:大众化生态园林温泉 天赐温泉特色:适应重庆市民休闲消费市场 金剑山温泉定位:综合性生态温泉小镇 金剑山温泉特色:生态景观资源、温泉水资源很好	天赐温泉二期新建四星级酒店会议中心已开业;金剑山温泉已局部开工
	6 贝迪温泉	重庆贝迪农业发展有限公司	总投资共1.5亿;三期共280亩	定位:中国最美的园林温泉 特色:园林、生态、温泉农业、温泉公园及会所一体化集成,豪门私家园林温泉	正在施工

续表

方位	序号	业主单位	总投资与建设内容	项目定位与特色	备注
北	7 统景温泉	重庆泉世界温泉开发有限公司	总投资 19 亿	定位:中国最大室外景观温泉 特色:双泉(温、冷泉)、生态景观	一期已开业;二期在建,主要项目为五星级度假酒店和与渝涪高速接驳的草统路
	8 北温泉柏联SPA	云南柏联（国际）集团有限公司	总投资 1.5 亿元	定位:中国顶级温泉SPA 会所;国际级水准的温泉 SPA 度假酒店;五方十泉的龙头项目;消费市场定位于重庆及国内高消费人群、国际游客 特色:重庆温泉文化的源头;嘉陵江温汤峡风光;温泉与国际 SPA 文化的融合	已完成设计,2007 年 6 月份开工
中	9 海棠晓月	重庆圣地温泉开发有限公司	总投资 7000 万,四星级酒店	定位:都市型江景国际温泉水疗馆 特色:江景温泉水疗中心	改建和新建之中
	10 融汇国际温泉城	香港融汇国际投资控股有限公司	总投资约 20 亿	定位:建议为都市型温泉休闲娱乐综合体 特色:综合性、娱乐性、时尚性、国际性	规划设计中
已获批准预备项目	颐尚温泉	南京国旅联合（上市公司）	总投资 10 亿	定位:温泉小镇 特色:水量大、水温合适、有冷泉。生态环境和自然景观条件好	旧建筑改造中;新项目规划中
	南山温泉高尔夫			定位:南山温泉度假酒店；高尔夫温泉 SPA 会所 特色:温泉 SPA 与高尔夫结合	在建

附四　重庆市"一圈百泉"总体策划(摘要)

一、"一圈百泉"的战略目标

"一圈百泉"的战略目标是:在建设"五方十泉"的基础上,以丰富和完善重庆温泉旅游产业的产品体系与产业链为目标,以温泉旅游产品特色建设、产业集群建设和品牌营销为重点,以"1小时经济圈"为地理空间,用三年左右的时间,初步构建一个在数量和质量方面与"温泉之都"品牌相匹配的温泉旅游产品体系,使重庆市的温泉旅游项目总计达到100个左右。

(1)总体指标:到2012年,整个重庆市温泉旅游产业的项目数量,达到100个左右;

(2)阶段性指标:到2009年底,"五方十泉"项目基本建成,重庆市"一圈百泉"内的营业性温泉旅游项目达到50个左右,当年吸引温泉旅游者人数约700万人次,实现温泉旅游总收入达到约17.5亿元人民币;

到2012年,"一圈百泉"全部建成,经营性温泉旅游项目达到约100个,当年吸引温泉旅游者人数达到1000万人次,温泉旅游总收入达到约25亿元人民币;

到2015年,"一圈百泉"发展成熟,当年吸引温泉旅游者人数达到2000万人次以上,温泉旅游总收入达到约100亿元人民币以上。

二、"一圈百泉"的战略定位

"一圈百泉"是重庆市政府为实现打造"温泉之都"的战略目标,继"五方十泉"之后制订的温泉旅游产业发展推进战略,其战略定位是:

以发展温泉旅游产业集群为核心,将重庆打造为中国温泉旅游产业最集中、温泉旅游产品最丰富、温泉旅游文化氛围最浓郁的世界知名的温泉旅游目的地,最终实现打造"温泉之都"的战略目标。

"一圈百泉"既是"温泉之都"的产品体系主体,又是实现打造"温泉之都"战略目标的关键战略举措。如果说"五方十泉"是打造"温泉之都"的启动性战略举措和第一级阶段;那么"一圈百泉"则是在"五方十泉"项目基本完成的同时开始实施的跟进战略和第二阶段。

三、"一圈百泉"战略的总体布局与功能分区

从产业发展的角度分析,重庆市"一圈百泉"温泉旅游总体布局模式为:"一区四组团"。如下图所示:

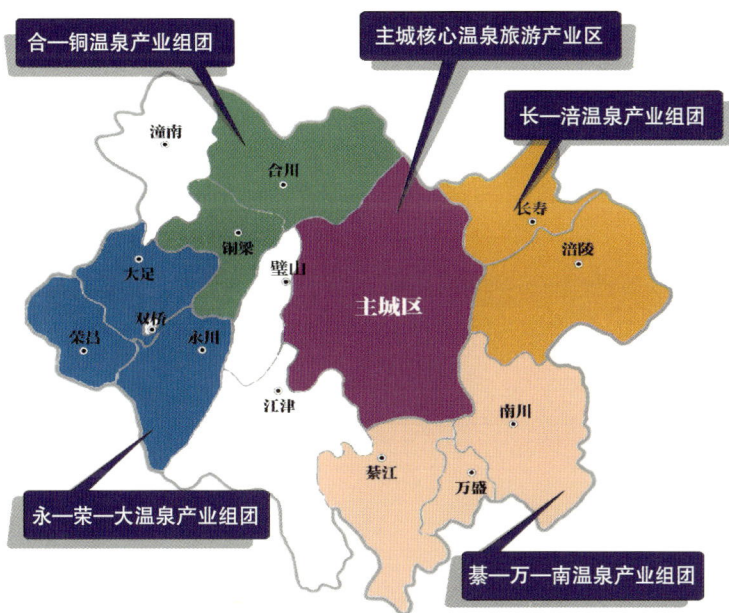

重庆市"一圈百泉"温泉旅游产业总体布局

"一区"——主城核心温泉旅游产业区(包括主城九区、璧山县以及江津城区)。

"四组团"——长寿—涪陵温泉旅游产业组团;綦江—万盛—南川温泉旅游产业组团;永川—荣昌—大足温泉旅游产业组团;合川—铜梁温泉旅游产业组团。

东部组团:长寿—涪陵温泉旅游产业组团

该组团包括长寿、涪陵两区,通过渝北区与主城相联。这一组团是重庆社会经济发展"一圈两翼"总体布局中,"一圈"与"两翼"的接合部,通过水(长江、乌江)陆(长万高速、渝怀铁路)交通,对渝东北、渝东南区域,尤其是对垫江和武隆两县,起着重要的控制节点作用。

该组团两区均是重庆经济强区,经济基础较强。2007 年,长寿区 GDP 总值达 125.26 亿元人民币,涪陵区 GDP 总值达 192.27 亿元人民币,增幅均超过 16%。两区合计占重庆市 GDP 总量的 7.7%。预计到 2020 年,两区总人口将达到 220 万人,城镇人口达到 149 万人,再加上该区域对万州、黔江等东部中心城市以及邻近的垫江和武隆两县的吸引,市场容量十分可观。

市场定位:主要客源市场是长寿、涪陵本地市场,以及重庆主城市场、长寿、涪陵和

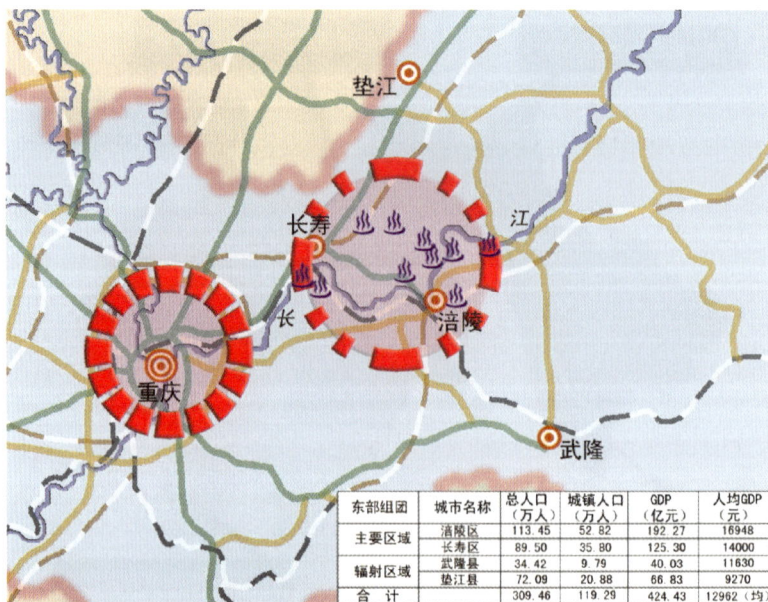

东部组团	城市名称	总人口 (万人)	城镇人口 (万人)	GDP (亿元)	人均GDP (元)
主要区域	涪陵区	113.45	52.82	192.27	16948
	长寿区	89.50	35.80	125.30	14000
辐射区域	武隆县	34.42	9.79	40.03	11630
	垫江县	72.09	20.88	66.83	9270
合　计		309.46	119.29	424.43	12962 (均)

东部组团区位与市场分析图

垫江、武隆、万州、黔江、广安等周边市场。

文化主题分析与特色定位:大江东流,福(涪)寿祥泉。

"大江东流"。长江是中华民族的发祥地,将温泉与民族情节、地域特色联系起来了。

"福(涪)寿祥泉"。取长寿、涪陵(福临)之文化要义,有福有寿乃吉祥之意,奥运火炬图案不正是祥云图案吗? 涪陵原为巴国故都,是巴民族繁衍生息之地、发祥地。

发展目标:该组团主要有长寿湖云集温泉和涪陵御泉河温泉等三处温泉项目(其中有两处在规划中),另规划在百盛、龙桥、长寿湖等镇新勘探温泉 5 个,预计供水量5000 米³/日。该组团规划 5~10 个温泉项目,年接待量在 50 万~150 万人次之间。

产品档次:温泉产品以中端—大众产品为主。在自然景观和人文景观特别好的地方,例如长寿湖畔,则可以建设以重庆主城区和外省市为目标客户群的中高端－高端产品。

业态形式:大型温泉项目 1 个(长寿,满足中端大众市场,是一个人气项目,接待能力为 1000~2000 人/日);景区依托性温泉项目 2~3 个(与景区其他资源组合开发,均为中高端项目,可分为会议型景区依托温泉、度假型景区依托温泉项目等);特色温泉旅馆或小型温泉项目组团 2 个(长寿、涪陵各 1 个,分别体现"福"与"寿"的民族文化内涵)。

设计要点:本组团是最能体现川东大山大水之地,是巴民族繁衍生息之地,也是最能代表长江源头的温泉组团。因此,产品设计要体现出民族性:中华民族的福、寿内涵,体现"祥"的诉求;要体现川东民居特点,要有沿江(长江)湖(长寿湖)的山水园林背景。

南部组团:綦江—万盛—南川温泉旅游产业组团

该组团包括綦江、万盛、南川三个区县,辐射江津东南部和黔北地区。该组团核心是綦江,通过巴南区与主城相联。这一组团是重庆社会经济发展"一圈两翼"总体布局中,"一圈"的"南大门",通过渝黔高速、川黔铁路与贵州遵义相接,对渝南黔北区域起着重要的控制节点作用。另外,主城—綦江—万盛—南川—主城环线高速已连通,更使三区形成为一个不可分割的整体。

该组团三区县在重庆"1 小时经济圈"中,经济实力较弱,人口密度较低。但是,由于几十年来南川、万盛矿区的开发,该区也有一定的经济实力。2007 年,綦江 GDP 总值达103.13 亿元人民币,万盛 GDP 总值达 25.89 亿元人民币,南川 GDP 总值达 80.48 亿元人民币,增幅均超过 15%。三区县合计占重庆市 GDP 总量的 5.1%。预计到 2020 年,三区县总人口将达到 167 万人,城镇人口达到 100 万人,如此可形成这一组团温泉旅游的基本市场。

另外,由于重庆的直辖,重庆"1 小时经济圈",特别是重庆南部的区县,对贵州黔北地区辐射增大。在黔北的遵义地区,重庆的辐射吸引力远大于贵阳市的辐射吸引力。

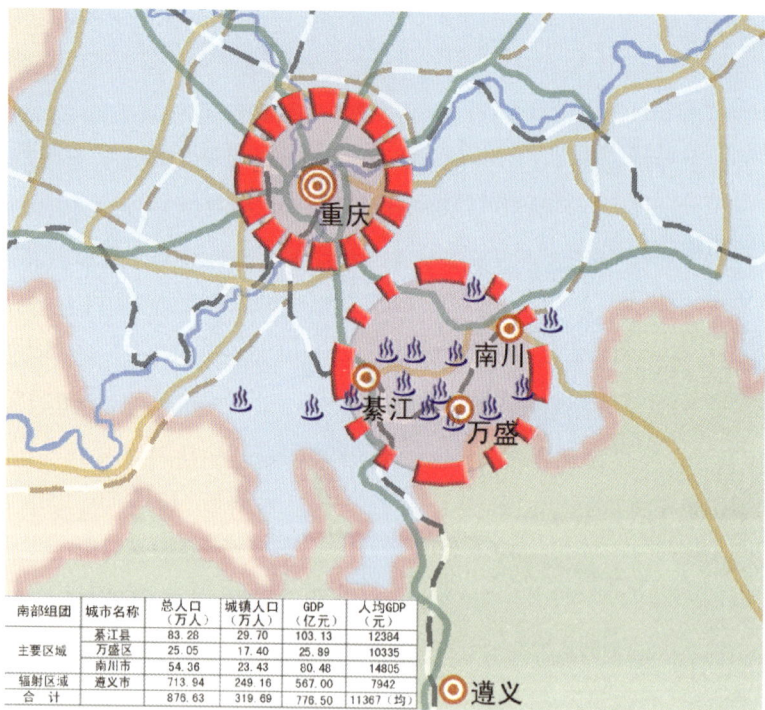

南部组团	城市名称	总人口（万人）	城镇人口（万人）	GDP（亿元）	人均GDP（元）
主要区域	綦江县	83.28	29.70	103.13	12384
	万盛区	25.05	17.40	25.89	10335
	南川市	54.36	23.43	80.48	14805
辐射区域	遵义市	713.94	249.16	567.00	7942
合　计		876.63	319.69	776.50	11367（均）

南部组团区位与市场分析图

市场定位:主要客源市场是綦江、万盛、南川等本地市场,以及重庆主城市场和贵州遵义等周边市场。

文化主题分析与特色定位:渝黔边地,风情林泉。

"渝黔边地"。渝黔相接地带的旅游特色是边地风情、特殊的气候以及高山林地,本主题特色定位突出了边地的地域特色,强调了民俗的人文风情,如果能与温泉有好的组合,定能开发出特色鲜明的温泉产品。

"风情林泉"。提"林泉",也是考虑到借势,贵阳市建设"林中泉城"、打造中国的避暑旅游高地,与之邻近的重庆渝南地区也完全可以借用这一概念,开发独具民族特色的风情林泉。再者,重庆也要发展避暑旅游,气候条件较好的渝南地区,更要借林泉之名,打造与其他组团不一样的温泉业态,不仅仅有温泉,夏天还可开发出冷泉,与高山避暑产品组合推出,实现冬有温泉、夏有冷泉。

发展目标:该组团主要有綦江新盛温泉度假村、振兴温泉城、万盛樱花温泉、南川三泉等6个温泉项目（其中有3个在规划中）,另规划在南川大观等地新勘探温泉7处,预计供水7000米³/日。预计未来整个区域将有10~15个温泉项目兴起,年接待量在80万~180万人次之间。考虑到该区域的市场较小,建议适当限制该地温泉项目数量,到2020年该组团建设10个左右温泉旅游项目是适宜的。

产品档次:温泉产品以中端产品和大众产品为主。但在金佛山、黑山谷等一些与独特自然景观结合得好的地方,可以设置面向重庆主城区乃至外省市的中高端—高端的温泉旅游组合产品。

业态形式:大型温泉项目1个(綦江,满足中端大众市场,是一个人气项目,接待能力为1500~2000人/日);景区依托性温泉项目3~5个(与景区其他资源组合开发,均为中高端项目,可分为会议型景区依托温泉、度假型景区依托温泉、度假社区型温泉项目等);特色温泉旅馆或小型温泉项目组团3个(綦江、万盛、南川各1个,分别具有独特的地方民俗文化)。

设计要点:本组团体现渝黔边地特色、夜郎文化、各类民俗文化等。因此,产品设计要体现出大娄山山地林地特色、静谧祥和的边远之地的特色;在建筑外观上尽量本地化,要体现黔北民居特点,在要"一区四组团"中独树一帜。

西部组团:永川—荣昌—大足温泉旅游产业组团

该组团包括永川、大足、荣昌、双桥四个区县,核心是永川。这一组团是重庆社会经济发展"一圈两翼"总体布局中,"一圈"的"西大门",通过成渝高速、川渝环状高速路与四川众多经济较发展的中心城市相连,对渝西、四川起着重要的控制节点作用。

该组团四区县在重庆"1小时经济圈"的四大温泉旅游产业组团中,经济实力最强,人口密度最大,随着渝蓉经济带的形成,该组团市场潜力不可估量。就重庆区域而言,2007年,永川GDP总值达153.03亿元人民币,大足GDP总值达85.56亿元人民币,荣昌GDP总值达85.09亿元人民币,双桥GDP总值达13.01亿元人民币,增幅均超过15%,双桥和荣昌达20%。四区县合计占重庆市GDP总量的8.2%。预计到2020年,三区县总人口将达到287万人,城镇人口达到177万人,再加上该区域对四川泸州、内江等地的吸引和辐射效应,这一组团的温泉旅游市场潜力较大。

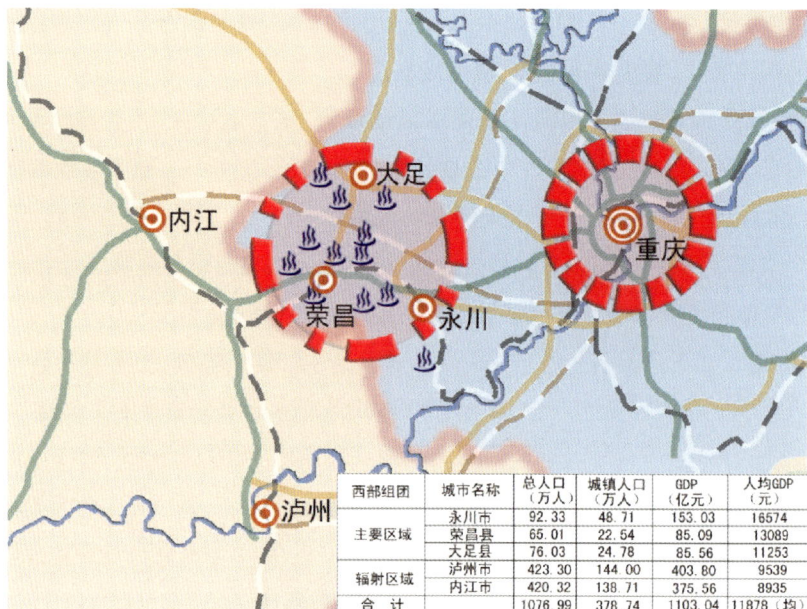

西部组团	城市名称	总人口(万人)	城镇人口(万人)	GDP(亿元)	人均GDP(元)
主要区域	永川市	92.33	48.71	153.03	16574
	荣昌县	65.01	22.54	85.09	13089
	大足县	76.03	24.78	85.56	11253
辐射区域	泸州市	423.30	144.00	403.80	9539
	内江市	420.32	138.71	375.56	8935
合　计		1076.99	378.74	1103.04	11878(均)

西部组团区位与市场分析图

市场定位:主要客源市场是永川、大足、荣昌和双桥等本地市场,同时可以辐射重庆主城市场以及四川泸州、自贡、内江等周边市场。

文化主题分析与特色定位:成渝故道,棠香佛泉。

"成渝故道"。老成渝中速公路经过这一永川—荣昌—大足地区,古代的成渝驿道也经过这一区域,通过历史道路的相连诉说巴蜀相亲相助的历史情缘,温泉项目也据此打开销路。温泉项目本身也在重庆主城区与川中盆地区域之中点上。

"棠香佛泉"。主要说明与温泉所在地的文化,也可直接演绎为这一组团的温泉文化。永川、荣昌所在区域为历史上海棠香国的所在,在永川区志和荣昌县志中可考。另外,海棠花为著名的观赏花木,象征宝贵平安,有"国艳"和"花中神仙"的美誉,海棠花的花语为温和、美丽、快乐,这正是温泉的内涵相同。佛,即为大足的文化内核,大足有温泉,温泉乐于与佛结缘,大足的温泉最有话语权与佛结缘;相当多的游客也信佛。因此,花、佛、泉的组合是西部组团温泉旅游产品的最佳特色。

发展目标:该组团主要有龙水湖温泉度假村、重庆香海温泉等4个拟建温泉项目,另规划在荣昌安富镇新勘探温泉1处。预计整个区域将有约5个温泉项目兴起,年接待量在 100 万～200 万人次之间。考虑到该区域的市场现状及潜力,建议适当增加该区域温泉规划项目数量,到 2020 年,该组团建设 10 个左右的温泉项目是适宜的。

产品档次:温泉产品以面向本地市场的中端产品和大众产品为主,但在景观资源和人文资源条件好的地方,也可以开发面向重庆主城区以及外省市中高端和高端市场的项目,例如与龙水湖结合的温泉,与茶山竹海结合的温泉,与大足石刻结合的温泉(佛泉),与荣昌的陶艺、兰花和夏布相结合的温泉,与永荣两地的海棠结合的特色温泉等。

业态形式:大型温泉项目 3 个(永川、荣昌、大足各 1 个,满足中端大众市场,每一项目接待能力为 1000～1500 人/日);景区依托性温泉项目 3～5 个(与景区其他资源组合开发,均为中高端项目,可分为会议型景区依托温泉、度假型景区依托温泉等);特色温泉旅馆,或小型温泉项目组团 3 个(永川、荣昌、大足各 1 个,体现海棠香国花文化、佛教文化、茶竹文化、牌坊文化的特色,也体现渝西地区富足、安康、闲适的特点)。

设计要点:本组团体温泉项目最突出的特色是温泉文化上体验以海棠为主的花文化,以大足石刻为名的佛教文化,在建筑、景观的内涵上将花、佛、泉融为一体,提升温泉休闲的思想意境。日本花卉汤池的花与泉的融合,云南阳宗海柏联 SPA 温泉项目中佛与泉的融合,都可作为这一地区很好的借鉴。

北部组团:合川—铜梁温泉旅游产业组团

该组团包括合川、铜梁两个区县,辐射潼南县及四川遂宁、南充广安等地。这一组团是重庆社会经济发展"一圈两翼"总体布局中,"一圈"的"北大门",通过渝遂高速路等交通系统与四川遂宁、南充和广安等中心城市相连,对渝西北地区及四川遂宁等地区起着重要的控制节点作用。

该组团二区县在重庆"1 小时经济圈"中的四大温泉旅游产业组团中,有一定的经济实力,再加上渝遂高速公路的建成,已形成可支撑温泉旅游产业的基本市场。2007 年,合川 GDP 总值达 167.76 亿元人民币,铜梁 GDP 总值达 87.61 亿元人民币,潼南 GDP 总值达 73.33 亿元人民币,增幅均超过 15%。三区县合计占重庆市 GDP 总量的 8.0%。预计到 2020 年,三区县总人口将达到 319 万人,城镇人口达到 182 万人,现加上该区域对四川遂宁、南充和广安的吸引,这一组团存在较大的温泉旅游市场。

市场定位:主要客源市场是合川、铜梁和潼南等本地市场,重庆主城区市场,以及邻近的四川广安、南充、遂宁等地区市场。

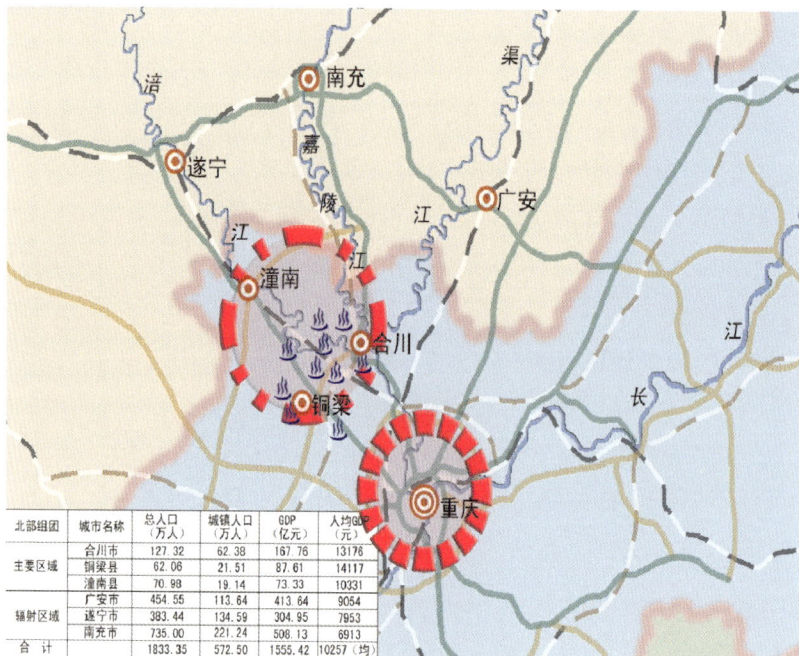

北部组团	城市名称	总人口(万人)	城镇人口(万人)	GDP(亿元)	人均GDP(元)
主要区域	合川市	127.32	62.38	167.76	13176
	铜梁县	62.06	21.51	87.61	14117
	潼南县	70.98	19.14	73.33	10331
辐射区域	广安市	454.55	113.64	413.64	9054
	遂宁市	383.44	134.59	304.95	7953
	南充市	735.00	221.24	508.13	6913
合　计		1833.35	572.50	1555.42	10257（均）

北部组团区位与市场分析图

文化主题分析与特色定位：三江汇流，古城龙泉。

"三江汇流"。强化这一组团对所在市场的地缘关系，地缘决定人缘，它能引起市场的共鸣，对广安、南充、遂宁的市场有极大的感召力。

"古城龙泉"。有依有据，借势开发，诉说了中国民族的历史和精神图腾，通过古城、中华龙的文化演绎，在全国范围的意义上抢占一个制高点，支撑"温泉之都"，也是温泉之都必备的文化元素。

发展目标：该组团主要有铜梁西温泉、合川东津盐温泉、九峰山温泉度假村等12个在营或拟建温泉项目，另规划在合川沥鼻峡等地新勘探温泉2处，预计新增供水2000米³/日。预计整个区域将有约5个温泉项目兴起，年接待量在100万～200万人次之间。考虑到该区域的市场现状及潜力，建议适当增加该地温泉项目数量。但因该组团距离主城区另一个温泉旅游产业聚集群——北温泉温泉小镇较近，温泉项目应该控制在10个左右。

产品档次：温泉产品建议以中端和大众产品为主，在区位条件良好，环境优美的景区，可开发一些面对重庆主城市场以及川东市场的中高端和高端产品。

　　业态形式:大型温泉项目 2 个(邻近合川城 1 个、铜梁县 1 个,满足中端大众市场,每一项目接待能力为 1500～2500 人／日);景区依托性温泉项目 2～4 个(与景区其他资源组合开发,均为中高端项目,可分为会议型景区依托温泉、度假型景区依托温泉等);特色温泉旅馆或小型温泉项目组团 2 个(合川、铜梁各 1 个,重点体现北部组团的三江汇流的川东山地景观与中华龙文化元素)。

　　设计要点:本组团体温泉项目最突出的特色是中国民族文化在此体现,龙的精神、古城演绎的历史等,在建筑、景观的内涵上将民族历史、地域特色、龙文化等与温泉结合,提升温泉休闲的文化背景。在建筑上,该组团宜提取川东民居建筑、川东牌坊等的文化元素,体现地方特色。

附五 重庆市"两翼多泉"总体策划_{（摘要）}

一、"两翼多泉"的战略目标

1. 总体目标

将两翼地区的温泉与其他旅游资源结合起来,创新开发,打造复合式的温泉旅游产业，将温泉作为两翼地区旅游的新亮点和黏合剂;通过对国际国内发达地区的借鉴与自身的创新,以特色项目为支撑,以文化创新为重要手段,打造与重庆"温泉之都"的"五方十泉"与"一圈百泉"相互补和响应的温泉旅游产业体系,促进重庆"温泉之都"的第三次飞跃,进一步丰富和完善重庆"温泉之都"。具体就是,以丰富温泉资源为核心的特色资源为基础,以两翼及其周边市场为导向,深入挖掘地方文化特色,以邻城、倚路、近景的各具特色的温泉项目为支撑,以产品建设为核心,以政府主导、企业运作、多方参与为主要战略思路,在两翼地区发展类型丰富、特色各异、具有市场竞争力的温泉项目,以平衡重庆温泉旅游产业的区域发展。

"两翼多泉"是重庆"温泉之都"的第三步战略目标;"两翼多泉"是重庆两翼地区旅游转型和核心竞争力培育的需要;"两翼多泉"是重庆两翼地区旅游产业振兴和发展的新机遇。

2. 分期目标

将"两翼多泉"主要的建设分为 2 个时期,2010~2015 年为第一阶段,即近中期;2016~2020 年为第二阶段,为中远期。

近中期目标。2010~2015 年,重庆温泉旅游开发建设的重心在"一圈百泉","两翼多泉"建设也并行启动,重点建设期预计在 2012~2013 年;这一时期主要以基础设施建设和重点项目推进为主。要完成温泉资源的勘察钻井、开发规划、土地利用、招商宣传等等。到 2015 年,两翼地区中心城市万州、黔江各有 1~2 处大/中型温泉项目建成营业,两翼其他各区县至少 1 处温泉建成营业。两翼地区总计建成营业的温泉项目数目约 30 个,年接待各地旅游者约 700 万人次,温泉旅游总收入达 25 亿元人民币。

中远期目标。2015~2020 年,重庆温泉旅游开发建设的重心在"两翼多泉","两翼多泉"继续进行丰富和提升,新增温泉项目预计在 2016~2017 年左右完成;这一时期主要是引导"两翼多泉"向深度发展,创新、开发各区县的各类特色温泉项目,并通过与旅行社等专业机构的合作等进行深度营销。到 2020 年,两翼地区中心城市万州、黔江各有 2~3 处大/中型温泉项目建成营业,两翼其他各区县至少 1~2 处温泉建成营业。两翼地区总计建成营业的温泉项目数目约 50 个, 年接待各地旅游者约 1000 万人次,温泉旅游总收入达 40 亿元人民币。

3. 主要战略

为实现"两翼多泉"的建设目标,借鉴国内外的相关经验,结合两翼实际,重点推进三大核心战略,具体落实为七项战略措施。

三大核心战略是:复合开发的产业发展战略;项目支撑的产品发展战略;文化创新的开发经营战略。

七项具体战略措施是:邻城、倚路、近景的开发布局战略;借鉴引进、特色创新的产品创新战略;差异定位、错位竞争的项目设计战略;中心开花、层层推进的开发时序战略;筑巢引凤、样板带动的开发模式战略;政府主导、政策支持的保障体系战略;整体宣传、文化营销的市场推广战略。

三大战略七项措施的关系如下图所示:

一"实"	核心战略	一"虚"
项目支撑的产品发展战略	复合开发的产业发展战略	文化创新的开发经营战略

三大战略

- 邻城、倚路、近景的开发布局战略
- 借鉴引进、特色创新的产品创新战略
- 差异定位、错位竞争的项目设计战略
- 中心开花、层层推进的开发时序战略
- 筑巢引凤、样板带动的开发模式战略
- 政府主导、政策支持的保障体系战略
- 整体宣传、文化营销的市场推广战略

七项措施

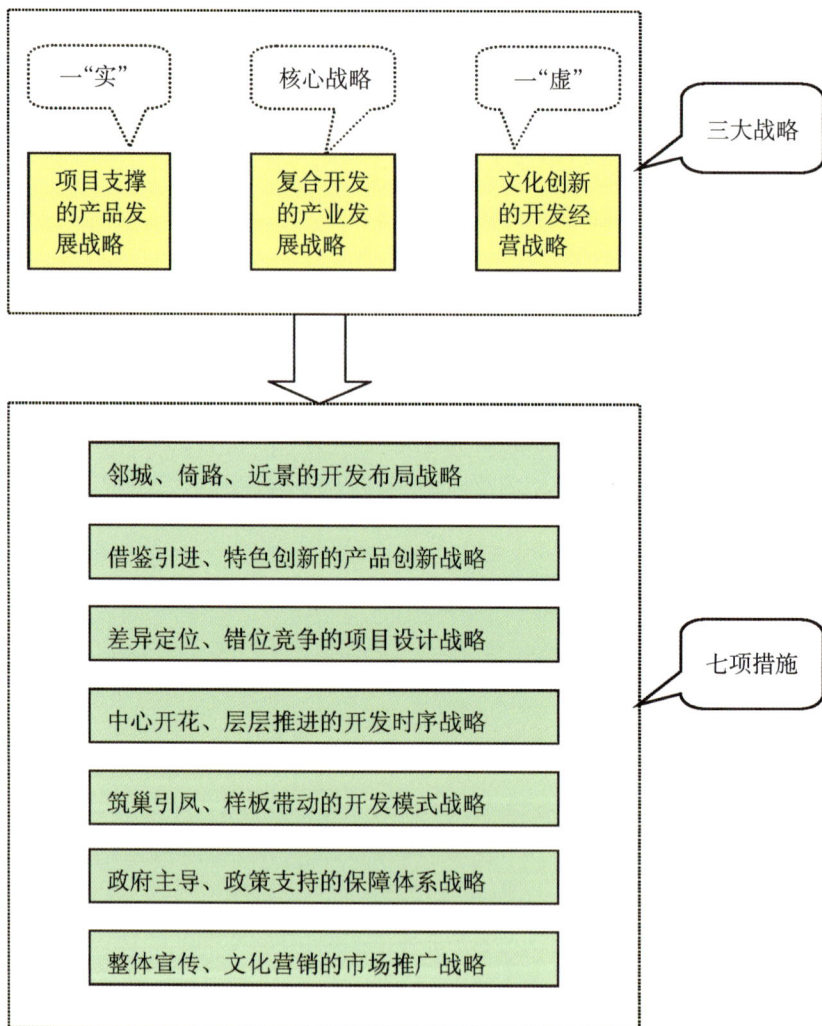

二、"两翼多泉"的总体布局

"两翼多泉"总体布局的基本原则是"邻城、倚路、近景"。在此原则下，根据相应的区域分异特征，重庆"两翼多泉"总体布局为"双十字形、八大组团"总体布局模式。

1.渝东北温泉旅游发展总体规划布局

万州—云阳—开县温泉旅游组团

（1）地位

万州—云阳—开县温泉旅游组团是"两翼多泉"最大的温泉旅游组团，是渝东北地区温泉旅游的中心组团。

(2)特点

该组团地处渝东北地区的社会经济中心,有强大的本地市场支撑,3区县总计常住人口达369万、城镇人口达144万,高消费能力的城镇人口占渝东北地区的50%以上。该组团交通较好,对周边地区也有较强的经济辐射力和影响力。

(3)发展方向

该组团主要的发展方向是:作为渝东北温泉旅游的中心建设,至少建设1处大型温泉旅游项目;配合万州三峡旅游中心地的建设,建设1处高档温泉旅游项目;作为渝东北温泉文化的传播中心建设,融合巴乡民俗、库区风情;将温泉旅游与湖滨旅游资源开发结合起来发展,做出峡湖特色的温泉旅游;万州新勘察钻井开发铁峰山温泉、新田温泉,提升开发月亮湾温泉;云阳新勘察钻井开发铁峰山背斜高阳至黄石之间的温泉,开发泥溪温泉和陈家溪盐浴温泉项目;开县新勘察钻井开发邻近县城的假角山温泉,钻井开发整合型的温泉镇文化温泉。该组团总计开发温泉6处。

垫江—梁平—丰都—忠县温泉旅游组团

(1)地位

垫江—梁平—丰都—忠县温泉旅游组团是渝东北的西部温泉旅游组团,是处于万州和重庆主城之间的特色温泉旅游组团。

(2)特点

该组团在万州与重庆主城之间,有84万本地城镇市场的支撑,也有重庆主城市场的外溢,如果温泉开发得当,温泉旅游消费市场将会非常大;该组团地域有一定的分异,垫江、梁平地势平坦,社会经济较好;丰都、忠县山地区,社会经济较落后,但有长江水码头的优势;该组团包括四个县,社会经济发展水平差异不太大,没有特定的社会经济中心形成;该组团还有较多的特色旅游资源,能较好地与温泉旅游开发相结合。

(3)发展方向

该组团主要的发展方向是:作为针对重庆主城和本地市场的特色组团建设,鉴于"一圈百泉"本身的供给力,适合作中、小型特色温泉项目;根据各县无中心性,市场相对较小的特点,各县宜发展规模相当的1~3处中小型中档或大众型温泉项目;垫江、梁平注重与特色的牡丹花、竹海等相结合,做特色温泉;丰都、忠县注重与特色的鬼国、忠州文化结合,做禅泉、文化温泉,并考虑与长江三峡旅游线的融合,适当分流其客源;

垫江招商开发太阳谷温泉、开发特色的盐浴温泉；梁平重点开发新勘察钻井开发七桥竹海温泉、新勘察钻井开发梁平双桂温泉；丰都重庆开发龙河温泉；忠县开发已有钻井的新生温泉和黄金温泉。该组团总计开发温泉项目7处，均为中小型温泉项目。

奉节—巫山—巫溪温泉旅游组团

(1)地位

奉节—巫山—巫溪温泉旅游组团是渝东北的东部温泉旅游组团，处于长江三峡旅游的黄金地段上。

(2)特点

该组团在三峡库区的腹心，社会经济落后，仅有46万本地城镇市场的支撑，温泉旅游的发展相当程度上要依赖外来市场；该组团在三峡游线的黄金段上，有丰富的其他旅游资源可整合开发。

(3)发展方向

该组团主要的发展方向是：针对本地市场，适度地发展特色的中小型大众温泉旅游项目；针对三峡游线市场，通过与旅行社等相关行业合作，发展1~2个高端中等规模的温泉旅游项目；奉节根据诗城、白帝城等特色资源，将其融入温泉旅游项目，做文化之泉、品位之泉，通过温泉与旅游的整合，以图留住三峡游客；巫山根据其神女文化、巫文化、三峡文化等，做特色的文化温泉；奉节新钻井开发石马河温泉和草堂温泉；巫山重点勘察钻井开发大昌温泉、巫溪钻开发上古盐都宁石温泉。该组团总计开发温泉项目4处，亦均为中小型规模较为适合。

城口温泉旅游组团

(1)地位

城口温泉旅游组团是渝东北的北部偏远温泉旅游组团，是大巴山深处的温泉。

(2)特点

该组团在大巴山深处，社会经济落后，仅有不足5万本地城镇市场的支撑，温泉旅游的发展很大程度上要依赖外来市场；有丰富原生态旅游资源可整合开发。

(3)发展方向

该组团主要的发展方向是：针对本地市场，适度地发展1个中小型大众温泉旅游项目；针对周边温泉旅游市场，深挖特色——偏远、巴山深处的特点，做灵修温泉、生态温泉、度假温泉；该组团新勘察钻井开发温泉2处，修齐1处，高观1处，均为中小型温泉项目。

2. 渝东南温泉旅游发展总体规划布局

黔江温泉旅游组团

(1)地位

黔江温泉旅游组团是渝东南的温泉旅游中心组团。黔江在渝东南具有特定的中心地位,黔江温泉应在渝东南的温泉中体现其特色性和示范性。

(2)特点

黔江是渝东南地区的社会经济的中心枢纽城市,但其经济辐射能力不强,仅有14万城镇人口,无法和万州相比,甚至无法与渝东北的大多数县相比;黔江最大的优势是渝东南的交通枢纽,东连湖北湖南、西接重庆主城、北经石柱与沪渝高速相通、南由渝湘高速辐射酉阳、秀山。黔江还有渝东南区域唯一的机场;有小南海、武陵仙山等特色旅游资源,武陵山药材可利用形成特色温泉。

(3)发展方向

该组团主要的发展方向是:针对本地市场,发展1处中型温泉旅游项目;作为渝东南的中心城市发展1处中高档特色温泉旅游项目;挖掘、整合特色的旅游资源,尤其是能与温泉相融相生的旅游资源,发展温泉度假旅游、温泉疗养旅游;该组团总计开发温泉井两处:考虑在正阳钻井,开发1处大中型综合性温泉项目;开发舟白街道的石城温泉,建设特色温泉酒店1处。

石柱温泉旅游组团

(1)地位

石柱温泉旅游组团是渝东南的北部温泉旅游组团。

(2)特点

该组团的主要特点有:石柱是渝沪高速公路重庆东端出口,串联着一系列的客源市场;石柱特色的药材经济发达;石柱黄水森林公园度假旅游最近几年很火;石柱在七曜山和方斗山之间,冬天很冷。

(3)发展方向

该组团区位特殊,宜作为渝东北和渝东南的连接轴的核心开发,协调两翼发展,发展两翼的整体优势,并构建渝东旅游的门户,打造重庆与湖北旅游竞争的桥头堡。

该组团主要的发展方向是:做"两翼多泉"中的药泉、疗养温泉;抓住黄水国家森林公园市场"井喷"的机会,借势开发、整合开发,就在黄水开发温泉旅游项目,至少1处高档的疗养/度假型温泉旅游;该组团温泉可与旅游更好的复合,宜开发温泉井4处:冷水乡综合性温泉项目、新钻井开发黄水度假/疗养温泉、综合开发利用西沱长江古镇温泉、条件适宜时开发大沙场五龙溪温泉。

武隆—彭水温泉旅游组团

(1)地位

武隆—彭水温泉旅游组团是渝东南的西部温泉旅游组团。

(2)特点

该组团的主要特点有:地处武陵山与大娄山的结合部,属山地地区,有乌江画廊穿越该组团;是渝东南离重庆主城最近的温泉旅游组团;最近几年武隆旅游很火,尤其是仙女山,作为重庆的夏宫发展度假旅游,作为重庆人玩雪的地方发展冬季旅游;该地区本地市场量不大,仅有约22万城镇人口;2009年,渝湘高速重庆至黔江段已通车,两地与重庆主城距离"很近"。

(3)发展方向

该组团主要的发展方向是:借势仙女山,发展武隆温泉旅游;武隆和彭水县城附近各发展中小型温泉旅游项目;将温泉旅游与乌江画廊开发、阿依河开发等其他旅游资源开发结合起来,做复合式温泉旅游;将温泉旅游与当地民俗结合起来,做风情温泉;该组团温泉项目6处,多与其他旅游形式结合。宜开发的温泉有江口芙蓉江温泉、巷口大众型温泉、提升开发盐井峡温泉,彭水宜开发县坝温泉、诸佛温泉、摩围山温泉。

酉阳—秀山温泉旅游组团

(1)地位

酉阳—秀山温泉旅游组团是渝东北的南部偏远温泉旅游组团,是武陵山深处的温泉。

(2)特点

该组团在武陵山的深处,社会经济落后,温泉旅游的发展很大程度上要依赖外来市场,尤其是渝湘高速公路的引致市场;该组团开发能力较弱,需要加大力度招商引资;该组团有特色的土家摆手舞、秀山花灯;该组团居民很淳朴,尤其是酉阳,温泉旅游发展的热情很高,也有丰富的旅游资源;该组团是渝东南各组团中自然温泉最多的温泉旅游组团。

(3)发展方向

该组团主要的发展方向是:融合酉秀民俗,做两翼地区最有特色的风情温泉;加大温泉旅游开发投资招商的力度;依托高速公路,加大宣传力度、市场开发力度;抓住两翼地区自然温泉最多、最有特色的特点,做原汤温泉,有文化的温泉;该组团宜开发酉阳黑水镇大湖温泉、酉阳大板营合作温泉、秀山石耶温泉、肖塘热水坝温泉以及峨溶边城温泉,总计 5 处,均宜中小型规模。

三、"两翼多泉"温泉旅游发展定位

差异定位、错位竞争是重庆"两翼多泉"项目定位的核心原则。

"两翼多泉"的每一个温泉都应是不可复制的;"两翼多泉"的八大温泉组团也应有其独特性,不可复制;构成"两翼多泉""双十字形"总体开发布局的渝东北温泉与渝东南温泉也应是相互错位、互补的,有其各自的优势和特色。

"两翼多泉"差异定位、错位竞争的项目设计思想重点体现在重点项目上。

1. 渝东北翼各温泉旅游发展定位

渝东北温泉旅游项目发展定位

组团	温泉项目	主题定位	市场定位	发展目标	备注
万州—云阳—开县温泉旅游组团	万州铁峰山温泉	城郊综合性山地森林温泉	综合型市场定位	接待量:50 万人次/年 综合收入:2.0 亿元/年	渝东北第一泉重点项目
	万州月亮湾温泉	景区型度假温泉	度假市场为主	接待量:20 万人次/年 综合收入:1.0 亿元/年	升级项目
	万州新田温泉	本地休闲温泉	本地大众市场	接待量:30 万人次/年 综合收入:0.6 亿元/年	长滩氯化钠盐泉规划中
	云阳高阳湖温泉	综合型滨湖温泉	本地市场为主	接待量:30 万人次/年 综合收入:1.0 亿元/年	泥溪温泉、陈家溪温泉
	开县假角山温泉	中型综合性温泉	本地市场为主	接待量:20 万人次/年 综合收入:0.6 亿元/年	
	开县温泉小镇开发	温泉小镇	本地/周边市场	接待量:20 万人次/年 综合收入:0.8 亿元/年	温泉小镇

续表

组团	温泉项目	主题定位	市场定位	发展目标	备注
垫江—梁平—丰都—忠县温泉旅游组团	垫江太阳谷温泉	花卉温泉 大型综合温泉	本地／周边市场	接待量:30万人次／年 综合收入:1.0亿元／年	全国温泉旅游示范区
	垫江五洞盐泉	盐浴温泉	本地／周边市场	接待量:10万人次／年 综合收入:0.4亿元／年	
	梁平竹海温泉	巴渝竹汤	本地／周边市场	接待量:20万人次／年 综合收入:0.6亿元／年	
	梁平双桂堂温泉	西南第一禅泉	周边／香客市场	接待量:20万人次／年 综合收入:0.8亿元／年	
	丰都龙河温泉	鬼国神汤	本地／周边／三峡	接待量:30万人次／年 综合收入:1.0亿元／年	
	忠县黄金温泉	溪谷温泉	本地市场	接待量:20万人次／年 综合收入:0.7亿元／年	
	忠县新生温泉	度假型森林温泉	本地／周边度假客	接待量:10万人次／年 综合收入:0.5亿元／年	
奉节—巫山—巫溪温泉旅游组团	奉节草堂温泉	三峡诗画温泉	三峡游客	接待量:10万人次／年 综合收入:0.5亿元／年	
	奉节石马河温泉	大众型综合温泉	本地市场	接待量:20万人次／年 综合收入:0.5亿元／年	
	巫山大昌温泉	度假型湖景温泉	各类度假市场	接待量:30万人次／年 综合收入:2.0亿元／年	
	巫溪宁厂温泉	盐巫神汤	综合性市场	接待量:10万人次／年 综合收入:0.4亿元／年	
城口温泉旅游组团	城口修齐温泉	巴山生态温泉	周边市场	接待量:10万人次／年 综合收入:0.3亿元／年	
	城口高观温泉	巴山风情温泉	周边市场	接待量:10万人次／年 综合收入:0.3亿元／年	
合　计	19项	"泉泉出新"		接待量:400万人次／年 综合收入:15亿元／年	

注:该表测算为2015年基本值,"两翼多泉"东北翼共接待温泉旅游者400万人次,温泉旅游收入为15亿元。

2. 渝东南翼各温泉旅游发展定位

渝东南温泉旅游项目发展定位

组团	温泉项目	主题定位	市场定位	发展目标	备注
黔江温泉旅游组团	黔江正阳温泉	城市综合型风情温泉	综合性市场	接待量:30万人次／年 综合收入:1.0亿元／年	渝东南第一泉
	黔江温泉酒店	高档温泉酒店	中高端市场	接待量:20万人次／年 综合收入:0.8亿元／年	即黔江石城温泉

续表

组团	温泉项目	主题定位	市场定位	发展目标	备注
石柱温泉旅游组团	石柱西沱温泉	长江风情温泉古镇	综合性市场	接待量:20万人次/年 综合收入:0.6亿元/年	
	石柱冷水温泉	森林雪景温泉	本地/过境市场	接待量:20万人次/年 综合收入:0.8亿元/年	雪泉
	石柱黄水温泉	药疗度假温泉	综合型市场	接待量:30万人次/年 综合收入:1.2亿元/年	药泉
	石柱五龙溪温泉	大众溪谷温泉	本地综合市场	接待量:10万人次/年 综合收入:0.3亿元/年	
武隆—彭水温泉旅游组团	武隆盐井峡温泉	盐浴温泉酒店	周边大众市场	接待量:10万人次/年 综合收入:0.3亿元/年	
	武隆芙蓉江温泉	江景温泉秘汤	家庭/情侣假日	接待量:10万人次/年 综合收入:0.4亿元/年	江景秘汤
	武隆巷口温泉	乌江第一泉	综合型市场	接待量:40万人次/年 综合收入:1.2亿元/年	乌江第一泉
	彭水县坝温泉	伴山森林温泉	综合型本地市场	接待量:20万人次/年 综合收入:0.6亿元/年	
	彭水摩围山温泉	森林风情温泉	周边/本地市场	接待量:10万人次/年 综合收入:0.3亿元/年	
	彭水诸佛温泉	苗寨原汤	周边/过境市场	接待量:10万人次/年 综合收入:0.3亿元/年	
酉阳—秀山温泉旅游组团	酉阳大湖温泉	溪河风情温泉	周边/过境市场	接待量:10万人次/年 综合收入:0.3亿元/年	
	酉阳合作温泉	秘境野汤	专项体验市场	接待量:10万人次/年 综合收入:0.4亿元/年	秘境野汤
	秀山热水塘温泉	花灯温泉	周边/本地市场	接待量:10万人次/年 综合收入:0.3亿元/年	
	秀山石耶温泉	疗养盐泉	周边/本地市场	接待量:20万人次/年 综合收入:0.5亿元/年	
	秀山峨溶温泉	边城汤寨	周边/过境市场	接待量:20万人次/年 综合收入:0.7亿元/年	风情温泉
合　计	17项	"泉泉出新"		接待量:300万人次/年 综合收入:10亿元/年	

注:该表测算为2015年基本值,"两翼多泉"东南翼共接待温泉旅游者300万人次,温泉旅游收入为10亿元。

四、"两翼多泉"温泉旅游发展步骤

"中心开花,层层推进"是"两翼多泉"温泉旅游开发时序战略。

"双十字形,八大组团"的战略布局模式决定了"两翼多泉"的"中心开花层层推进"之开发时序。"邻城、倚路、近景"的开发布局战略的核心思想就是"两翼多泉"开发时,首先开发同时满足这三项要求的温泉旅游项目,其次开发能同时满足两项要求的温泉旅游项目,再次开发只满足一项,通常为"倚路"或"近景"的温泉旅游项目。

因此,"两翼多泉"首先应开发万州和黔江的温泉旅游项目,万州和黔江是"两翼多泉""双十字形"总体布局的核心;其次才是其他县城附近条件适宜的地方建设温泉项目,以县城居民为依托,利用其市场、交通、基础设施等优势开发;再次就是各条件适宜的交通道路附近和有一定吸引力的景区附近。

离城、离路、离景者,建议作为远期预备项目,在条件适宜时开发。

"两翼多泉"项目建设分期表

分期		主要建设项目	备注
近中期 (2010～2015年)	第1阶段 (2010～2012年)	万州铁峰山温泉、万州月亮湾温泉、垫江太阳谷温泉、奉节草堂温泉、巫山大昌温泉、黔江正阳温泉、石柱黄水温泉、武隆巷口温泉、彭水县坝温泉、酉阳合作温泉、秀山峨溶温泉等共计11项。(另,新钻出的长滩温泉正在规划设计中,宜安排近期开发。)	重点支持样板示范项目建设
	第2阶段 (2013～2015年)	开县温泉小镇、云阳高阳湖温泉、垫江盐浴温泉、梁平双桂堂温泉、丰都龙河温泉、忠县新生温泉、巫溪宁厂温泉、城口高观温泉、黔江温泉酒店、石柱冷水温泉、石柱西沱温泉、武隆盐井峡温泉、彭水摩围山温泉、酉阳大湖温泉、秀山热水塘温泉等共计15项。	
中远期 (2016～2020年)	第3阶段 (2016～2017年)	万州新田温泉、开县假角山温泉、梁平竹海温泉、忠县黄金温泉、奉节石马河温泉、城口修齐温泉、石柱五龙溪温泉、武隆芙蓉江温泉、彭水诸佛温泉、秀山石耶温泉等10项。	
	第4阶段 (2018～2020年)	梁平蟠龙温泉、云阳泥溪温泉、武隆白马温泉、彭水万足电站温泉以及其他新勘测发现的温泉地热资源。适时开发云阳泥溪温泉、陈家溪盐浴温泉项目。	此阶段项目为新论证开发项目

后　记

2010年底，国土资源部命名重庆市为"中国温泉之都"，我以为当之无愧。这是因为，前不久国家旅游局邵琪伟局长一行视察重庆"五方十泉"后，给予了这样的评价："重庆温泉世界一流，中国目前最好。"

记得2006年初，我到市政府履职时，时任市长王鸿举同志对我讲："市政府分工你分管旅游工作，一届就五年，要干的事情很多。重庆温泉资源丰富、历史悠久、文化厚重，你拿上手来抓，力争把重庆早日建成'中国温泉之都'。"我感到，这分明是一份沉甸甸的责任。

建设"温泉之都"无疑是一项纷繁复杂的社会系统工程，怎么入手？开始一片茫然。后来，通过不断地学习、考察、思考和探索，逐步梳理了一个较为清晰的思路并着手实践。这就是：做出规模，构建以"五方十泉"为核心，"一圈百泉"为辐射，"两翼多泉"为延伸的"点、线、面"相结合的格局；做出特色，彰显生态、精致、智能、人性、标准"五化"相匹配的品牌；做出效益，创新温泉与旅游观光、休闲、体验的"温泉＋旅游＋旅游地产"相协调的模式。一次又一次的学习考察，一次又一次的座谈研讨，一次又一次的现场办公，一次又一次的督察督办，至今历历在目，记忆犹新。"中国温泉之都"真是得来不易。

在申报"中国温泉之都"的过程中，无意间发现这些年来自己积累了不少的资料，于是有了一种汇编成书的冲动。

在本书的编撰过程中，感谢重庆市前任市长王鸿举同志和现任市长黄奇帆同志分别题写书名和作序；特别是国土资源部副部长汪民同志悉心指点，给我以关怀和支持；感谢重庆师范大学旅游学院院长罗兹柏同志、重庆出版集团董事长罗小卫同志、重庆市旅游局局长刘旗同志等为本书的编辑工作付出的心血、智慧和汗水；感谢为打造"中国温泉之都"做出了不懈努力的方方面面的同志们、朋友们。

书中遗漏、偏颇之处，敬请读者海涵。

谭栖伟

二〇一一年四月